基于MODIS数据的
中国地表温度反演

◎ 高懋芳　著

中国农业科学技术出版社

图书在版编目（CIP）数据

基于 MODIS 数据的中国地表温度反演／高懋芳著 . —北京：
中国农业科学技术出版社，2017.11

ISBN 978-7-5116-3343-9

Ⅰ . ①基…　Ⅱ . ①高…　Ⅲ . ①地面温度–研究–中国　Ⅳ . ①P423.7

中国版本图书馆 CIP 数据核字（2017）第 267319 号

责任编辑	史咏竹
责任校对	贾海霞
出 版 者	中国农业科学技术出版社
	北京市中关村南大街 12 号　邮编：100081
电　　话	（010）82105169（编辑室）　　（010）82109702（发行部）
	（010）82109709（读者服务部）
传　　真	（010）82109707
网　　址	http：//www.castp.cn
经 销 者	全国各地新华书店
印 刷 者	北京建宏印刷有限公司
开　　本	880mm×1 230mm　1/32
印　　张	3.25
字　　数	73 千字
版　　次	2017 年 11 月第 1 版　2017 年 11 月第 1 次印刷
定　　价	29.00 元

前　言

　　在地面与大气的相互作用中，陆地表面温度（Land Surface Temperature，LST）是一个关键参数，地表温度的精确测量对于全球变化、水文、生态、农业气象的研究都有非常重要的意义。传统的接触式温度测量只能用于小范围的实验研究，随着遥感技术的发展，区域性的地表温度场分析成为可能，地表温度的遥感反演也日益受到广大科研工作者的重视。MODIS 传感器于 1999 年最先载于 Terra 卫星上升空，它有 36 个波段，可以对陆地、海洋、大气进行综合的观测，其中有 8 个热红外波段，用于地表温度反演有非常大的优势。

　　本书从热红外遥感原理入手，分析现有地表温度反演算法，建立了用于 MODIS 数据的地表温度反演劈窗算法。该算法需要大气透过率和地表比辐射率两个关键参数，书中详细地讨论了这两个参数的估计方法。对于大气透过率的估计，主要是通过 MODIS 的可见光近红外波段来估计大气水汽含量，进而用 MODTRAN 辐射传输模型模拟得到大气透过率与大气水汽含量的关系。由于 MODIS 传感器的扫描带比较宽，边缘区域的视角增大引起的透过率降低不可忽视，本书探讨了透过率的视角校正方法，并分析了

1

视角变化对地表温度反演结果的影响。对于地表比辐射率的估计，则主要是根据 MODIS 数据计算归一化植被指数，通过植被指数对地表进行初分类，进而估计地表的植被覆盖度，最后通过混合像元的热辐射构成以及辐射比率来确定每一个像元的比辐射率。

MODIS 陆面温度的像元尺度为 1km，而地表温度具有很大的空间差异性，加上卫星飞行速度很快，实时的地表温度以及大气廓线观测都比较困难。本书采用参数敏感性分析和高分辨率遥感影像同步反演来进行地表温度的精度评价和验证。参数敏感性分析表明，当第 31、第 32 两个波段的参数估计都有中等误差时，可能的地表温度误差对大气透过率和地表比辐射率都不敏感，所引起的地表温度误差大约为 0.6~0.8℃，算法能够得到较高精度的地表温度反演结果。选取太湖地区一景 ASTER 影像与同时相 MODIS 地表温度结果的对比发现，两者相关性非常好，相关系数可达 0.966 6。

我国幅员广阔，气候条件与地表覆盖类型都非常复杂，全国范围内的地表温度反演面临较大挑战，如何将不同景影像进行合理的拼接与合成也有较大困难。考虑到不同地区地表及大气状况的差异，本研究通过遥感数据获取每一像元的大气参数及地表辐射参数，以减小由于不同地表覆盖及大气剖面状况所带来的误差，使大气校正及地表比辐射率校正都达到像元级别。由于不同太阳高度角所带来的时间效应比较明显，本书初步探讨了地表温度的时间校正以及旬合成方法。最后，合成了 2005 年 3—10 月全国范围内的地表温度结果；并简要分析了地表温度的时空变化。

本文共分为 6 章，主要包括地表温度反演算法、基本参数估计、算法的精度评价与验证、地表温度结果分析等几个方面内容。

第一章主要阐述了本研究的意义、研究内容和技术路线。

第二章介绍了热红外遥感的基本原理，这是地表温度反演的理论基础。本章还综述了目前用于地表温度反演的单通道算法、劈窗算法以及多通道算法。

第三章从热辐射传导方程入手，详细讨论了本研究所用的劈窗算法，重点是大气透过率与地表比辐射率的估计方法，其中还讨论了传感器视角对大气透过率以及地表温度反演结果的影响。

第四章分析了影响地表温度精度的主要因素，采用参数的敏感性分析进行算法的精度评价，同时利用高分辨率遥感影像同步反演来初步验证了地表温度反演结果。

第五章把上面所提出的算法应用于中国地表温度反演，分析了该算法在不同区域的适用性。根据地表温度的时空变化特征，本研究还探讨了地表温度的时间校正及合成算法。

第六章总结全书，给出了本研究的主要结论及创新点，并讨论了需要进一步改进和完善的问题。

本研究得到国家自然科学基金项目"基于时间序列多源遥感数据的旱灾损失精细评估模型研究"（41401606）、"用 MODIS 数据反演地表温度的算法及其参数确定"（40471096）的资助，特此致谢。

目　录

第一章 绪 论

一、研究意义

地表温度是全球资源环境和气候变化研究中的关键参数，在地气系统相互作用中，大多数地气界面的通量都可参数化为温度的一个函数。太阳短波辐射经过大气吸收和散射作用到达地表，地表反射部分太阳短波辐射，同时吸收一部分转化为热能，成为地表升温的主要能量来源。地表温度综合了地气相互作用过程中物质和能量交换的结果，精确地测定地表温度对于全球气候变化的研究、灾害监测及资源管理都有非常重要的意义。

遥感技术因其宏观、动态、连续的特点而受到广泛的关注，在国民经济发展中发挥着越来越大的作用。地表温度反演是遥感研究的重要部分，近年来随着定量遥感技术的发展，得到科研界越来越多的重视。自 20 世纪 70 年代起，国内外陆续投入应用的热红外传感器累计有几十种，其中应用最广泛的是 NOAA/AVHRR 数据。AVHRR（Advanced Very High Resolution Radiometer，甚高分辨率辐射仪）传感器有两个热红外波段，波长范围分别是 10.5～11.3μm 和 11.5～12.5μm，可以用来监测地球表面温度的变化，另

1

外还有一个中红外波段和两个可见光近红外波段。AVHRR 数据星下点空间分辨率为 1.1km，扫描宽度为 2 800km，每天可以获得同一地区两次图像。NOAA/AVHRR 自发射以来被广泛应用于全球和区域范围内气象及资源环境研究，从 20 世纪 70 年代末 80 年代初开始，科学工作者就利用 NOAA/AVHRR 进行地表温度反演的研究[1]。其后，随着 Landsat TM/ETM、ASTER 以及 MODIS 传感器的升空，地表温度研究的数据不断丰富，定量研究的水平也越来越深入。

　　MODIS（Moderate Resolution Imaging Spectrometer，中等分辨率成像光谱仪）是新型的中等光谱分辨率对地观测系统，拥有 36 个波段，波谱范围为 0.4~14.4μm，影像空间分辨率分别为 250m、500m、1km，可以对大气、陆地、海洋进行综合的观测[2]。相对于 AVHRR 数据，MODIS 在地表温度反演中具有以下优势：① MODIS 有 8 个热红外波段用于获取地表热辐射信息，其中第 31、第 32 两波段在设计时就考虑了地表温度反演研究，还可以结合多个热红外波段进行温度与比辐射率的分离研究；② MODIS有两个空间分辨率为 250m 的可见光近红外波段，可以更好地获取地表覆盖类型及植被生长状况的信息，另外，利用 MODIS 数据的水汽窗口及吸收通道还可以获取大气水汽含量等重要的大气参数；③时间分辨率高，目前运行的 Terra 和 Aqua 两颗卫星上都携带有 MODIS 传感器，每天可获得白天和晚上的 4 次覆盖全球的影像，有利于地表温度的动态研究。④ MODIS 传感器内部放置了"冷源"和"热源"，辐射定标的精度较之前发射的卫星有了很大的提高，数据存储为 12bit，数据精度也比较高；⑤美国宇航局（NASA）对 MODIS 数据实行全球免费接收的政策，并且数据采用对地直接广播方式传输，数据获取方便快捷。

为了更有效地利用 MODIS 数据，NASA 成立了专门的科学工作组，建立了 MODIS 数据信息处理的陆地、大气、海洋和校验 4 支科研队伍。目前共生产 44 种标准数据产品，可以直接被各个领域的科学研究使用。其中第 11 种产品就是地表温度和比辐射率，包括空间分辨率分别为 1km、5km、经纬度 1°，以及日数据、八天合成、月合成的数据。MODIS 标准地表温度产品可以直接作为气候、水文和生态模型的输入参数，得到了世界各地科研工作者的广泛应用。

我国许多部门和单位对于 MODIS 数据的应用十分积极，建立了很多 MODIS 接收站，但由于我国幅员辽阔，各地区的自然环境存在较大差异，全国范围内的地表温度反演研究相对很少，使得 MODIS 数据在中国资源环境变化中的应用受到一些限制。地表温度数据可以用于地表热量空间分析、地表蒸散发、环境质量分析、地表-大气相互作用数值模拟分析，以及全球变化研究等方面，是陆面过程研究的重要输入参数。因此，全国范围内的地表温度反演研究具有重要的现实意义，也是深入研究地球表面物质运动和能量循环，更好地进行资源开发和环境保护的基础。

二、研究内容

本研究针对 MODIS 数据的特点，在 Qin 等（2001）[3] 工作的基础上，建立了适用于全国范围内的地表温度反演模型。模型的基本原理是劈窗算法（Split Window Algorithm SWA，又称为分裂窗算法），该算法需要大气透过率和地表比辐射率两个基本参数，论文详细讨论了这两个参数的估计方法，对算法进行了参数的敏感性分析和验证，并在全国范围内进行了地表温度结果的应用分析。主要研究内容如下。

1. MODIS 地表温度反演算法研究

目前用于地表温度遥感反演的方法主要有单通道算法，分裂窗算法，以及多通道多角度算法。MODIS 数据有 8 个热红外波段，本研究选取应用比较成熟的分裂窗算法进行全国范围内的地表温度反演。通过热辐射传输方程的推导，普朗克函数线性化，以及一些合理地假设，得到了用于 MODIS 数据的劈窗算法推导公式。

2. 地表温度反演的基本参数估计方法

该算法有两个关键参数，即大气透过率和地表比辐射率。根据 MODIS 的波段特点，可以利用 MODIS 的可见光近红外波段估计大气水汽含量，进而利用大气辐射传输模型 MODTRAN 估计大气透过率与大气水汽含量的关系。考虑到大气剖面温度和热辐射在大气中传输路径的差异，提出了大气透过率的温度校正和遥感器视角校正函数，并详细讨论了视角变化对地表温度反演结果的影响。地表比辐射率主要取决于地表物质构成，其中影响最大的是植被覆盖程度。为此，提出了根据地表植被覆盖差异来估计地表比辐射率的方法，其中还引入了辐射比率参数及其确定方法。

3. 算法的精度评价与验证

不同的应用领域对地表温度的精度要求差别很大，正确地估计地表温度反演结果的精度是推广应用的前提。比较好的验证方法是有一组与卫星观测相对应的地面实测数据，这样就可以通过实测数据与卫星反演结果的比较来评价算法的精度。但是由于实时的地面温度以及大气廓线数据都很难获得，实现这种直接验证的方法非常困难。本研究通过参数的敏感性分析来评价算法的精度，利用高分辨率遥感影像的同步反演来对 MODIS 地表温度结果进行初步的验证。

4. 地表温度的合成算法

MODIS 传感器扫描带宽为 2 330km，只要有 3～4 景数据就可以覆盖全国。但是宽带扫描同时也带来了一个问题，在同一景图像中，最东侧的像元与最西侧的像元地方时相差 1 个多小时，不同景影像中的时间差别就更大了。另外，由于单景图像受云等因素影响比较大，在实际应用中往往旬合成或者月合成的地表温度数据更有意义。因此，本文针对地表温度合成中的时间校正问题进行了相关研究。

5. 全国范围内地表温度场分析

根据上面提出的方法，合成了 2005 年全国范围内 3—10 月每旬的地表温度数据，并在每月中选出 1 旬进行地表温度的时空分析。地表温度是地表能量平衡中的重要物理量，3—10 月是地表植物生长、动物繁殖发育的重要时期，这段时间在全国范围内的地表温度分布研究，对气象，农业，生态等领域都有很重要的指导意义。

三、技术路线

本研究的技术路线如图 1-1 所示，主要包括 5 部分：大气透过率的估计、地表比辐射率的估计、亮度温度的计算、劈窗算法推导以及地表温度的合成。

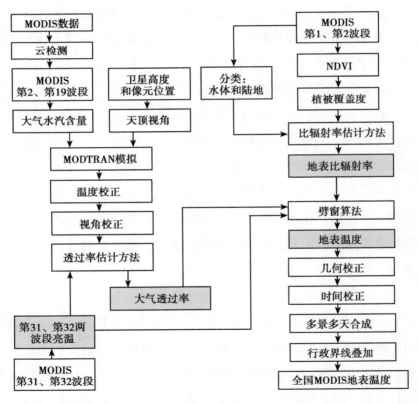

图 1-1　技术路线

第二章　陆面温度反演模型

一、热红外遥感原理

自然界所有物质，只要其温度超过绝对零度就会不断向外界发射辐射[4]。常温条件下地表物体发射的辐射主要分布在大于 $3\mu m$ 的中远红外区，所以又称热辐射。物体发射的热辐射不仅与物质的表面状态有关，而且是物质内部组成和温度的函数。与可见光近红外遥感不同的是，地表热辐射到达传感器之前，一方面要受到大气吸收作用，另一方面还必须考虑大气发射作用。热红外辐射在大气传输过程中，$3\sim5\mu m$ 和 $8\sim14\mu m$ 两个波段透过率较大，被称为热红外遥感的两个大气窗口，一般的星载或机载传感器红外通道都位于这两个波谱范围内。

（一）热红外的一些基本物理量

1. 辐射通量 ϕ

在单位时间内通过某一表面的辐射能量 Q（单位：J）称为辐射通量 ϕ，单位是瓦特（$W = J/S$）。

2. 辐射通量密度 F

在单位时间内，通过单位面积的辐射能量称为辐射通量密度 F，单位是 $\mathrm{W} \cdot \mathrm{m}^{-2}$。当具体考虑辐射的发射和入照时，可分别使用辐射出射度和辐射照度。

3. 辐射出射度 M 与辐射照度 E

在单位时间内，从单位面积上辐射出的辐射能量称为辐射出射度 M，单位是 $\mathrm{W} \cdot \mathrm{m}^{-2}$。

在单位时间内，单位面积上接收的辐射能量称为辐射照度 E，单位是 $\mathrm{W} \cdot \mathrm{m}^{-2}$。

4. 辐射强度 I

点辐射源在某一给定方向 θ 上单位立体角内的辐射通量，称为辐射强度 $I(\theta)$，单位是 $\mathrm{W} \cdot \mathrm{sr}^{-1}$。$I(\theta)$ 表示点辐射源在单位时间内在 θ 方向的每单位立体角内所发射的能量。

5. 辐射亮度 L

辐射源在某一方向的单位投影面积在单位立体角内的辐射通量，称为辐射亮度 $L(\theta)$（Radiance），单位是 $\mathrm{W} \cdot \mathrm{m}^{-2} \cdot \mathrm{sr}^{-1}$。

由于传感器一般离地面较高，其接受的能量为单位立体角内的辐射通量，因此辐射亮度是遥感中应用较为广泛的概念。

（二）热辐射基本定律

1. 基尔霍夫定律

一定温度下，任何物体的辐射出射 $M_{\lambda, T}$ 与其吸收率 $A_{\lambda, T}$ 的比值是一个普适函数，它只是温度和波长的函数，与物体的性质无关。

$$\frac{M_{\lambda,T}}{A_{\lambda,T}} = E(\lambda,T)$$ （式2-1）

这就是基尔霍夫定律。基尔霍夫定律表明：任何物体的辐射出射度 $M_{\lambda,T}$ 和其吸收率 $A_{\lambda,T}$ 之比都等于同一温度下的黑体的辐射出射度 $E(\lambda,T)$。

$E(\lambda,T)$ 与物体的性质无关，吸收率 $A_{\lambda,T}$ 大的物体其发射能力就强。黑体的吸收率 $A_{\lambda,T}=1$，其发射能力最大。

2. 斯蒂芬—波尔兹曼定律

1879 年斯蒂芬通过实验发现，绝对黑体在所有波长范围内总辐射能力 E_T 与其温度的 4 次方成正比，即：

$$E_T = \sigma T^4$$ （式2-2）

1884 年，波尔兹曼由热力学理论得出了这个公式，其中 σ 称为斯蒂芬—波尔兹曼常数，$\sigma = 5.669\,6 \times 10^{-8} \mathrm{W} \cdot \mathrm{m}^{-2} \cdot \mathrm{K}^{-4}$。

3. 维恩位移定律

1893 年维恩从热力学理论导出黑体辐射光谱的极大值对应的波长

$$\lambda_{max} = b/T$$ （式2-3）

其中，$b = 2\,897.8\,\mu\mathrm{m} \cdot \mathrm{K}$。维恩位移定律可以从下面的普朗克定律推导出来，它表明，温度愈高的物体，其最大辐射对应的波长越短。通过维恩位移定律还可确定不同温度物体最大辐射所在的波长，例如假定太阳为 6 000K 黑体，那么 $\lambda_{max} = 0.483\,\mu\mathrm{m}$，即最大辐射在可见光的蓝色光区；对于绝对温度为 300K 左右的

9

地表面，$\lambda_{max} = 9.66\mu m$，位于通常所说的热红外波谱段（8 ~ 14$\mu m$）内。

4. 普朗克定律

绝对黑体的辐射光谱 $E_{\lambda, T}$ 对于研究一切物体的辐射规律具有根本的意义。1900 年普朗克引进量子概念，将辐射看成不连续的量子发射，从理论上成功地得出了与实验精确符合的绝对黑体辐射出射度随波长的分布函数。

$$E_{\lambda, T} = \frac{2\pi c^2 h}{\lambda^5} (E^{\frac{ch}{k\lambda T}} - 1)^{-1} = \frac{c_1}{\lambda^5} \cdot (e^{\frac{c_2}{\lambda T}} - 1)^{-1} \qquad （式 2-4）$$

式中，$E_{\lambda, T}$ 为黑体的辐射出射度（$W \cdot m^{-2} \cdot \mu m^{-1}$），$\lambda$ 为波长（μm）；T 为亮度温度（K）；h 为普朗克常数，$h = 6.626\ 2 \times 10^{-34} J \cdot s$，$k$ 为玻耳兹曼常数，$k = 1.380\ 6 \times 10^{-23} J \cdot K^{-1}$，$c$ 为光速（$m \cdot s^{-1}$）。$C_1 = 1.191\ 07 \times 10^{-16} W \cdot m^2$ 为第一辐射常数，$C_2 = 1.438\ 768\ 5 \times 10^4 \mu^m \cdot K$ 为第二辐射常数。图 2-1 为不同温度下黑体的辐射光谱。

在热红外遥感的计算中，常用波数取代波长来表征物体的辐射出射度，则普朗克公式可以表示为：

$$E_{v, T} = = 2\pi hc^2 \cdot v^3 \cdot (e^{\frac{chv}{kT}} - 1)^{-1} = c_1 v^3 (e^{c_2 v/T} - 1)^{-1}$$

$$（式 2-5）$$

（三）热红外遥感大气窗口

地球大气由多种气体混合组成，大气成分按时空变化特性一般可以分成两类，第一类为常定成分，各成分之间在大气中大致

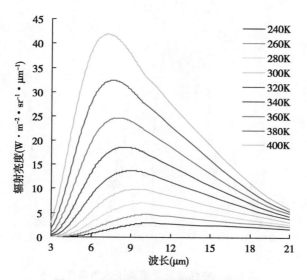

图 2-1　不同温度下黑体的辐射光谱

保持固定的比例，又称为恒量气体，它们占大气总体积和总质量的绝大部分，通常还把除水汽以外的纯净大气称为干洁大气。另一类气体在大气中所占的比例随时间和空间变化很大，其中以水汽最为重要。

　　大气中二氧化碳、臭氧以及大气气溶胶，对电磁波也具有吸收和散射作用。对热红外遥感而言，水汽是最主要的吸收性气体，它在从近红外到热红外波段都有一定的吸收，在某些谱段表现为强烈的吸收。图 2-2 为用 MODTRAN 模拟的红外波谱范围内中纬度夏季模式下大气总透过率。

　　从图 2-2 看出，在 $2 \sim 20 \mu m$ 范围内，辐射经过大气作用后能到达传感器的波段集中在两个部分：$3 \sim 5 \mu m$ 和 $8 \sim 14 \mu m$，这两个

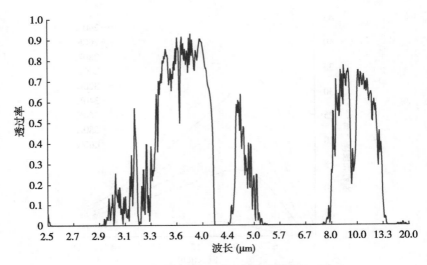

图 2-2　中纬度夏季模式下大气总透过率

波谱段称为红外的大气窗口，绝大部分对地观测的红外传感器波谱范围设置都位于这两个大气窗口内。

二、现有地表温度反演方法

用卫星遥感数据来反演地表温度已有很长的历史，最早可以追溯到 20 世纪 60 年代初期所发射的 TIROS-II[5]。随着 NOAA/AVHRR 以及 MODIS 数据的广泛应用，科研工作者利用各种对大气辐射传输方程的近似和假设，提出了多种地表温度反演算法[6,7]。这些算法总的来说可归纳为 4 种，单通道算法、劈窗算法、多通道算法、多角度与组分温度反演算法。

（一） 单通道算法

单通道算法是只借助于卫星传感器上的一个热红外通道获得的辐射能来得到地表温度的算法。这种方法一般需要大气温度和湿度的垂直廓线数据，利用一定的大气模式计算大气辐射和大气透过率，根据大气的辐射传输方程，计算地表的辐射亮度值，假设地表比辐射率已知，就可以求出地表温度。

根据地表热辐射传导方程，Qin 等[8,9]于 2001 年提出了用于陆地卫星 TM6 数据的单窗算法，该算法把大气和地表的影响直接包括在演算公式中，简单易行并且精度较高，计算公式如下：

$$T_s = \{ a_6(1-C_6-D_6) + [b_6(1-C_6-D_6)+C_6+D_6] T_6 - D_6 T_a \}/C_6$$

$$= \{ a_6(1-C_6-D_6) + [(b_6-1)(1-C_6-D_6)+1] T_6 - D_6 T_a \}/C_6$$

（式 2-6）

式中，T_s 为地表温度，T_a 为大气平均作用温度，单位为 K；a_6 和 b_6 为常量，在一般情况下（即当地表温度在 $0 \sim 70$℃范围内时）取值 $a_6 = -67.355\,351$，$b_6 = 0.458\,606$；C_6 和 D_6 是中间变量，分别用下式表示：

$$C_6 = \varepsilon_6 \tau_6 \qquad\qquad （式 2-7）$$

$$D_6 = (1-\varepsilon_6)[1+(1-\varepsilon_6)\tau_6] \qquad\qquad （式 2-8）$$

式中，ε_6 为 TM6 波段范围内的地表比辐射率，τ_6 为 TM6 波段范围内的大气透过率，由式 2-6 至式 2-8 可以看出，该算法需要有地表比辐射率、大气透过率和大气平均作用温度 3 个关键参数来实现地表温度的反演。覃志豪等[10]对关键参数的获取也进行了深入的研究。因此，只要知道参数 T_a、τ_6 和 ε_6，我们即可用上述单窗算法推算任何像元的实际地表温度。

Jiménez-Muñoz[11] 于 2003 年提出了一个普适性的单通道算法，该算法可以针对任何一个热红外波段反演地表温度，只需要知道大气水汽含量参数，计算公式如下：

$$T_s = \gamma \left[\varepsilon^{-1}(\psi_1 L_{sensor} + \psi_2) + \psi_3 \right] + \delta \qquad (式 2-9)$$

$$\gamma = \left[\frac{c_2 L_{sensor}}{T_{sensor}^2} \left(\frac{\lambda^4}{C_1} L_{sensor} + \lambda^{-1} \right) \right]^{-1} \qquad (式 2-10)$$

$$\delta = -\gamma L_{sensor} + T_{sensor} \qquad (式 2-11)$$

式中，L_{sensor} 为传感器所获得的辐亮度，单位 $W \cdot m^{-2} \cdot Sr^{-1}$；$T_{sensor}$ 是传感器上所获得的亮度温度，单位 K；λ 是等效波长（对 TM6 来说是 11.457μm）；C_1、C_2 是辐射常量；ψ_1、ψ_2、ψ_3 为大气参数，可以由大气水汽含量来获得，对 TM6 数据，公式如下：

$$\psi_1 = 0.147\ 14w^2 - 0.155\ 83w + 1.123\ 4 \qquad (式 2-12a)$$

$$\psi_2 = -1.183\ 6w^2 - 0.376\ 07w - 0.528\ 94 \qquad (式 2-12b)$$

$$\psi_3 = -0.045\ 54w^2 + 1.871\ 9w - 0.390\ 71 \qquad (式 2-12c)$$

式中，w 是大气水汽含量，单位为 g/cm^2。

Sobrino[12] 对用于 Landsat TM6 波段的三种地表温度反演算法进行了比较，第一种是辐射传输方程法，另外两种分别是由 Qin 等和 Jiménez-Muñoz 提出的两种算法。结果表明，尽管辐射传输模型法可以得到较高精度的地表温度反演结果（rmsd 为 0.6K），但是需要准确的大气探空数据来支持，而实际操作中这些数据很难获得。Qin 等的算法需要大气水汽含量以及近地面气温数据，

Jiménez-Muñoz 的算法只需要大气水汽含量，这两种算法的精度相对比较高，可以达到 0.9K。因此，尽管 Landsat TM 只有一个热红外波段，但是如果有精确的探空数据，仍可以达到 1K 以内的反演精度。

（二）劈窗算法

单通道算法由于只用一个热红外通道，信息量有限，加上受辐射传输模型、大气廓线数据以及比辐射率等参数的影响，其地表温度反演精度受到一定限制。随着卫星传感器的不断发展，科学工作者研究了利用多个热红外通道来反演地表温度的方法，其中比较有代表性的是劈窗算法。McMillin（1975）[13]最早提出了劈窗算法，最先是用于海面温度的反演，这种方法是利用两个相邻的热红外窗口大气水汽吸收特性的差异，把海面温度表达成两个热红外窗口亮度温度的线性组合。

在热红外窗口 $10\sim12\,\mu m$ 波段范围内，海水的比辐射率非常接近于 1，假设大气窗口的水汽吸收很弱，大气的水汽吸收系数可以看作常数，并且大气温度与海面温度相差不大，则海面温度可以表示为下式：

$$T_s = A_0 + A_1 T_4 + A_2 T_5 \qquad\qquad (式2-13)$$

式中，T_s 是地表温度；A_0、A_1 和 A_2 是参数；T_4 和 T_5 分别是 AVHRR 热红外波段 4 和波段 5 的亮度温度。T_s、T_4 和 T_5 的单位是绝对温度（K）。

劈窗算法可以较好地消除大气效应的影响，应用 NOAA/

AVHRR 第 4、第 5 通道亮度温度反演海面温度取得了非常大的成果，反演精度可以小于 0.7℃[14]。

劈窗算法在海面温度反演中取得了巨大成果，因此许多科学家开始探讨把劈窗算法应用于陆面温度反演的可能性。然而陆面温度反演与海面温度反演存在较大差别，主要表现在以下几个方面。

（1）水的比辐射率在热红外窗口内变化很小，且非常接近于1，而陆地表面的比辐射率受地物类型、土壤含水量、地表粗糙度以及植被覆盖状况的影响，其时空变化都很明显，可以在 0.90~0.99 变化[15,16]。另外辐射率随波长以及观测角的变化也比较明显，由此引起的温度反演误差也会比较大。

（2）海水表面温度相对比较均一，而陆地表面温度变化非常大，特别是对于空间分辨率在 1km 左右的影像来说，混合像元问题很严重，像元内不同组分的温度会有较大的差别，反演得到的地表温度意义不明确。另外混合像元的比辐射率也难以准确的测定。

（3）由于地表比辐射率明显小于1，地表反射的大气下行辐射不能像在海水表面一样可以被忽略，成为大气修正的重要内容之一。

（4）陆地表面物质大多是不动的，陆地表层热交换主要靠分子热传导完成，因此陆地表面温度和近地表气温之差远大于海水表面温度和近海水气温之差，"皮肤效应"更加突出。

Price（1984）[1]最先把劈窗算法推广到陆面温度的反演，他通过引入比辐射率改正项来减小因陆地表面比辐射率变化而引起的误差，其反演公式为：

$$T_s = [T_4 + 3.33(T_4 - T_5)] \cdot \left(\frac{5.5 - \varepsilon_4}{4.5}\right) + 0.75T_5(\varepsilon_4 - \varepsilon_5)$$

（式 2-14）

他在仔细分析了各种误差来源之后，预计反演精度约为 3K，他同时指出当温度为 300K 时，ε 误差 0.01 可引起 2K 的温度误差。

Becker（1987）[17]从理论上证明了用分裂窗技术反演地表温度的可行性，并且第一次从理论上给出了使用分裂窗技术时大气和比辐射率对地表温度反演的影响。Becker & Li（1990）[18]根据热辐射传导的地方性特征，提出了他们著名的局地劈窗算法，已得到了较广泛的应用。该算法的计算公式如下：

$$T_s = 1.274 + P(T_4 + T_5)/2 + M(T_4 - T_5)/2 \qquad （式 2-15）$$

$$P = 1 + 0.15616(1-\varepsilon)/\varepsilon - 0.482\Delta\varepsilon/\varepsilon^2 \qquad （式 2-16）$$

$$M = 6.26 + 3.98(1-\varepsilon)/\varepsilon + 38.33\Delta\varepsilon/\varepsilon^2 \qquad （式 2-17）$$

其中 ε 是 AVHRR 两个热红外波段的平均辐射率，即 $\varepsilon = (\varepsilon_4 + \varepsilon_5)/2$。他们是用 LOWTRAN 6.0 模型来模拟地表热辐射并根据这一模拟结果计算其常数。

Wan and Dozier（1996）[19]在 Becker and Li（1990）的研究基础上于 1996 年提出了一种广义的地表温度反演劈窗算法。这种方法是通过把大气水汽，低层大气温度和地表温度的变化范围分成几段来优化劈窗算法。实验证明，这种新方法不仅提高了地表温度反演的精度，而且大大地降低了它对地表比辐射率不确定的敏感度。Sobrino 等（1991）[20]和 Becker 和 Li（1995）[21]通过用 Lowtran7 对不同的大气，观测角度以及地表参数进行模拟，得出了 A_0、A_1 和 A_2 的表达式。在这些表达式里，大气和比辐射率的作用是耦合在一起的。而 Sobrino 等（1993）[22]则通过某些近似把这两种作用分开了。

Prata（1993）[23]详细地讨论了有关陆地表面温度反演算法的物理原理，利用许多近似和假设导出了 A_0、A_1 和 A_2 的理论函数表达式。计算公式如下：

$$T_s = \frac{1}{\delta}T_4 + \frac{A}{\delta}(T_4 - T_5) + \frac{1-\delta}{\delta}b \qquad （式 2-18）$$

$$\delta = \varepsilon_4 + A\tau_5\Delta\varepsilon \qquad （式 2-19）$$

$$A = \frac{1-\tau_4}{\tau_4 - \tau_5} \qquad （式 2-20）$$

$$b = \left[B_i(\bar{T}) - \Delta\overline{R_{at\downarrow}} \right]\left(\frac{dB_i}{dT}\right) - 1 - \bar{T} \qquad （式 2-21）$$

Prata（1994）[24]通过对澳大利亚西部的一个实验场长期观测和深入研究指出，分裂窗算法公式可用于陆地表面温度的反演，而且能够得到很好的精度。他进一步讨论了植被覆盖面，观测角度和地表温度的空间变化对卫星反演温度的影响，还比较了多种分裂窗算法所得的结果。考虑了所有可能的误差，Prata 估计在现有的条件下用分裂窗技术来反演陆地表面温度的最好精度为±1.5℃。

Coll 等（1994）[25]认为大气和比辐射率的影响可以分开来考

虑，并提出了如下所示反演公式：

$$T_s = T_4 + A(T_4 - T_5) + B \qquad (式2-22)$$

$$A = 1.0 + 0.58(T_4 - T_5) \qquad (式2-23)$$

$$B = 0.51 + 40[1 - (\varepsilon_4 + \varepsilon_5)/2] - \beta\Delta\varepsilon \qquad (式2-24)$$

通过对大气向下热辐射的近似解和对 Planck 辐射函数的线性化，Qin 等（2001）[3] 推导了他们的劈窗算法，该算法仅需要两个因素来进行地表温度的演算。这一算法有如式 2-13 所示的一般形式，但其参数则分别由下式确定：

$$A_0 = [66.540\,67D_4(1 - C_5 - D_5) - 62.239\,28D_5(1 - C_4 - D_4)]/(D_5 C_4 - D_4 C_5) \qquad (式2-25)$$

$$A_1 = 1 + [0.430\,59D_5(1 - C_4 - D_4) + D_4]/(D_5 C_4 - D_4 C_5)$$

$$\qquad (式2-26)$$

$$A_2 = [0.465\,85D_4(1 - C_5 - D_5) + D_4]/(D_5 C_4 - D_4 C_5) \qquad (式2-27)$$

$$C_i = \varepsilon_i \tau_i(\theta) \qquad (式2-28)$$

$$D_i = (1 - \tau_i(\theta))[1 + (1 - \varepsilon_i)\tau_i(\theta)] \qquad (式2-29)$$

式中，ε_i 是 AVHRR 波段 i（$i=4$ 或 5）的辐射率，$\tau_i(\theta)$ 是天顶视角为 θ 下的大气透过率。大气透过率一般是根据大气水汽含量来推算。

除此之外，还有其他的劈窗算法，主要都是对大气效应和地表发射率进行修正，以期提高反演精度，应用高分 5 号卫星数据，Chen 等提出了基于劈窗算法的温度反演算法[26]，Duan 等对不同来源遥感数据获得的地表温度进行了比较分析[27]，同时提出了全天候条件下的地表温度反演[28]。覃志豪等[29]根据各算法在实际应用中所需要的参数，把现有的有关地表温度反演的劈窗算法分为简单算法、辐射率模型、两要素模型和复杂模型四大类。

（三）多通道算法

以上介绍的方法都是在假设比辐射率已知的情况下，来求解地表温度。地表比辐射率的获取方法主要有两种：一种是通过地面实测数据来获得，另外一种是通过遥感数据的可见光近红外波段来计算。温度和地表比辐射率是热红外辐射特性的两个主导因素，已知比辐射率，就可以求出地表温度。反之，一旦求出了温度，相应的也就能够求出发射率。因此温度和发射率的分离（TES）算法也是一个备受关注的问题。

由于比辐射率随波长的变化，N 个波段的观测就有 N 个未知的比辐射率，加上未知的目标温度，就有了 $N+1$ 个未知数，这就始终是一个未定方程，不可能只通过增加波段数来求得方程的解。因此必须引入客观的条件，这种额外的条件通常是对目标发射率波谱形状的某种先验知识，根据先验知识约束条件的不同，也就形成了不同的 TES 算法类型。

Becker 和 Li（1990）[30] 提出了与温度无关的热红外光谱指数（TISI），通过比较白天和晚上 TISI 可以用来反演地表比辐射率[31]，同时结合劈窗算法可以得到地表温度。Wan 和 Li（1997）[32] 提出了利用 MODIS 白天和晚上的数据同时反演地表温度与比辐射率的方法，并成为 MODIS 地表温度产品的生产方法之一。另外常见的 TES 算法还有参考通道法[33]、灰体法[34]、NEM

法[35]、比值法[36]、α 剩余法[37]、MMD 法[38]、光谱平滑迭代法[39]等。

（四）多角度与组分温度反演

上述方法得到的都是像元的平均温度，对于复杂目标而言，像元内的组分温度也有很高的应用价值。随着多角度传感器（如 AMTIS、MISR、ATSR 等）的投入应用，多角度与组分温度反演成为一个热门话题。

李小文等[4]介绍了二向性反射的几何光学模型和定量遥感的动态反演理论，对非同温混合像元热辐射尺度效应模型进行了分析和验证，探讨了多阶段目标决策反演策略的参数的不确定性和敏感性；讨论了地表非同温像元的发射率定义问题及其对分离其真实温度和发射率的影响[40]；将 Planck 定律的尺度纠正推广到一般的非同温三维结构非黑体表面，对其热辐射在像元尺度上的方向性和波谱特征建立了概念模型[41]。

徐希孺等[42-45]探讨了热红外多角度遥感问题，认为只有当扫描方向与作物垄向相垂直时才最有利于作物叶冠和土壤温度的反演，并提出了混合像元组分温度的反演方法。在放弃"黑体背景"的前提条件下，他们引入了有效发射率概念，重新推导了目标物方向发射率的被动测量公式。

陈良富等[46-49]研究了热红外遥感中大气下行辐射的近似计算及通道间信息相差性对陆面温度反演的影响；提出了非同温混合像元热辐射组分有效比辐射率的概念，并验证该比辐射率与组分温度无关。通过建立连续植被的热辐射方向性模型,他们发现同温下的热辐射方向性只决定于连续植被体系总有效发射率的方向性,它是各组分有效发射率的和,决定于植被叶面和土壤表面的发射率、冠层结构参数。在非同温状况下,组分温度通过组分有效发射率调节体系的辐射亮度方向变化。

李召良[50,51]对地表温度中的比辐射率的计算做了详细的论述,利用白天和晚上中红外和热红外的数值差异提出了一种用于提取方向比辐射率的物理方法。苏理宏[52]对非同温的混合像元和比辐射率的方向性进行了研究。孙毅义等[53]分析了地面发射率随观测角度而变化,认为热红外辐射具有方向性特征。阎广建等[54]基于热辐射的方向性建立了宽波段热红外辐射模型,用以反演不同温的叶子冠层温度。

第三章　MODIS 地表温度反演算法

一、算法推导

（一）热红外辐射传输方程

劈窗算法的推导建立在地表热辐射特性及其在大气中的传导过程的基础上，地表热辐射在传到遥感器的过程中，受到大气和其他因素的影响，在热红外波段区间内，大气对地表辐射的作用主要有吸收、大气向上辐射和地表反射的大气向下辐射（图 3-1）。同时，地表物体的辐射能力及遥感器的不同视角也影响观测到的热辐射强度。考虑上面所述因素，在传感器高度上观测到的目标辐射亮度可以用式 3-1 表示，劈窗算法的推导就是利用该式求解得到地表温度的过程。

$$L_{\text{toa}}(\lambda,\theta)=\tau(\lambda,\theta)\varepsilon(\lambda,\theta)B(\lambda,T)+\tau(\lambda,\theta)\left[1-\varepsilon(\lambda,\theta)\right]L_{\text{atm}\downarrow}(\lambda)+L_{\text{atm}\uparrow}(\lambda) \tag{式 3-1}$$

式中，θ 为观测角度，λ 为波长，$\varepsilon(\lambda,\theta)$ 为地表比辐射率，$B(\lambda,T)$ 为地表温度为 T 时的普朗克黑体辐射函数，L_{toa} 表示传感器观测到的辐射亮度，$L_{\text{atm}\downarrow}$ 和 $L_{\text{atm}\uparrow}$ 分别表示大气下行与大

气上行辐射，τ（λ，θ）是大气透过率。式 3-1 右边第 1 项表示地表发射贡献，第 2 项表示地表反射的大气辐射项，第 3 项代表大气上行辐射项。

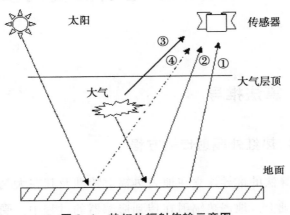

图 3-1　热红外辐射传输示意图

注：①为地表发射辐射；②为地表反射大气下行辐射；③为大气上行辐射；④地表反射太阳辐射（在热红外波段内，这部分可以忽略）

上述推导是针对单色波长 λ 的辐射传输，实际上遥感传感器的波长是有一定宽度的。一般来说，可认为宽波段传感器测量的辐射亮度是波谱辐射亮度与波段响应函数的加权积分平均。

大气上行辐射强度 $L_{atm\uparrow}$ 通常可以表示为如下公式[55,56]：

$$L_{atm\uparrow} = \int_0^z B_i(T_z) \frac{\partial \tau_i(\theta, z, Z)}{\partial z} dz \qquad （式 3-2）$$

式中，T_z 是高度为 z 处的气温，Z 是遥感器的高度，τ_i（θ，z，Z）表示从高度 z 到遥感器高度 Z 之间的大气向上透过率。根据均值定理可把大气上行辐射表示为式 3-3[23]：

$$B_i(T_a) = \frac{1}{1-\tau_i(\theta)} \int_0^z B_i(T_z) \frac{\partial \tau_i(\theta, z, Z)}{\partial z} dz \qquad (\text{式 3-3})$$

式中，T_a 是大气向上平均作用温度，$B_i(T_a)$ 表示对应于 T_a 的通道 i 的大气平均辐射强度。因此，可以得到：

$$L_{\text{atm}\uparrow} = [1-\tau_i(\theta)] B_i(T_a) \qquad (\text{式 3-4})$$

大气的向下辐射一般可视作是来自半球方向，因而可以用式 3-5 计算[55,56]：

$$L_{\text{atm}\downarrow} = 2 \int_0^{\pi/2} \int_\phi^0 B_i(T_z) \frac{\partial \tau'_i(\theta', z, 0)}{\partial z} \cos\theta' \sin\theta' dz \, d\theta'$$

$$(\text{式 3-5})$$

式中，θ' 是大气的向下辐射方向，$\tau'_i(\theta', z, Z)$ 表示从高度 z 到地表之间的大气向下透射率，ϕ 表示大气顶层高度。因此，式 3-5 表示从大气顶层到地面的各薄层大气热辐射之积分。França 和 Cracknell[55] 认为，若把整个大气分成若干个薄层（如每个薄层 $\leqslant$ 1km），则对于各个薄层而言，可以假定 $\partial \tau'i(\theta', z, 0) \approx \partial \tau i(\theta, z, Z)$，这一假定不会引起地表温度反演结果的很大误差，根据这一合理假设，把中值定理应用于式 3-5，可以得到：

$$L_{\text{atm}\downarrow} = 2 \int_0^{\pi/2} [1-\tau_i(\theta)] B_i(T_a^\downarrow) \cos\theta' \sin\theta' \, d\theta' \qquad (\text{式 3-6})$$

式 3-5 的积分项可以求解为：

$$2 \int_0^{\pi/2} \cos\theta' \sin\theta' \, d\theta' = (\sin\theta')^2 \big|_0^{\pi/2} = 1 \qquad (\text{式 3-7})$$

把这一结果代入式 3-6 有：

$$L_{\text{atm}\downarrow} = [1-\tau_i(\theta)] B_i(T_a^\downarrow) \qquad (\text{式 3-8})$$

因此，地表热辐射传导方程式 3-1 可以重写为：

$$B_i(T_i) = \varepsilon_i \tau_i(\theta) B_i(T_s) + [1-\tau_i(\theta)](1-\varepsilon_i)\tau_i(\theta) B_i(T_a^\downarrow) + [1-\tau_i(\theta)] B_i(T_a)$$ （式 3-9）

式 3-9 中的未知量比较多，不容易直接求解，Qin 等[3] 通过分析表明，尽管由于大气垂直差异的存在，在卫星高度所观测到的大气向上辐射强度大于在地表所观测到的大气向下辐射强度，也就是 $B_i(T_a)$ 大于 $B_i(T_a^\downarrow)$。但是在天空晴朗的情况下，用 $B_i(T_a)$ 来替代 $B_i(T_a^\downarrow)$ 将不会产生较大的地表温度演算误差。根据这一替代，MODIS 遥感器所接收到的热辐射强度可以近似地表示为：

$$B_i(T_i) = \varepsilon_i \tau_i(\theta) B_i(T_s) + [1-\tau_i(\theta)][1+(1-\varepsilon_i)\tau_i(\theta)] B_i(T_a)$$ （式 3-10）

把式 3-10 应用到 MODIS 的通道 31 和通道 32 上，可以得到：

$$B_{31}(T_{31}) = \varepsilon_{31} \tau_{31}(\theta) B_{31}(T_s) + [1-\tau_{31}(\theta)][1+(1-\varepsilon_{31})\tau_{31}(\theta)] B_{31}(T_a)$$ （式 3-11a）

$$B_{32}(T_{32}) = \varepsilon_{32} \tau_{32}(\theta) B_{32}(T_s) + [1-\tau_{32}(\theta)][1+(1-\varepsilon_{32})\tau_{32}(\theta)] B_{32}(T_a)$$ （式 3-11b）

（二）Planck 辐射函数的线性展开

式 3-11 的两边都含有多个类似式 2-4 的普朗克函数，形式非常复杂，不易直接求出地表温度，因此首先需要把普朗克函数线性展开。复杂函数的展开，通常是用泰勒展开式来进行，在 MODIS 的两个热通道中，普朗克函数与温度之间的关系很接近线性（图3-2）。在这种线性比较明显的情况下，只要取泰勒展开式的前两项，就可达到较高的展开精度[55,25]。

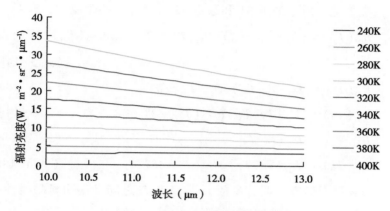

图3-2　普朗克函数随波长的变化

运用这一方法来展开普朗克函数，可以得到：

$$Bi(Tj) = Bi(T) + (Tj-T)\partial Bi(T)/\partial T = (Li+Tj-T)\partial Bi(T)/\partial T$$

（式3-12）

式中，i 表示通道31或通道32。Tj 表示温度；若 $j=31$ 或 32，则表示通道31或通道32的亮度温度；若 $j=s$，则表示要求的地表温度；若 $j=a$，则表示大气温度。参数 Li 是中间变量，由式3-13给出：

$$Li = Bi(T)/[\partial Bi(T)/\partial T]$$

（式3-13）

因此，Li 实际上是一个温度变量，单位为 K。

对于通道32，在亮度温度为 T_{32} 的情况下，普朗克函数的泰勒展开式可表示为：

27

$$B_{32}(T_{32}) = B_{32}(T_{31}) + (T_{32} - T_{31}) \partial B_{32}(T_{31}) / \partial T =$$
$$(L_{32} + T_{32} - T_{31}) \partial B_{32}(T_{31}) / \partial T \qquad （式 3-14a）$$

类似地，对于通道 31 和通道 32 所对应的各个温度，有：

$$B_{31}(T_{31}) = (L_{31} + T_{31} - T_{31}) \partial B_{31}(T_{31}) / \partial T = L_{31} \partial B_{31}(T_{31}) / \partial T$$

$$（式 3-14b）$$

$$B_{31}(Ts) = (L_{31} + Ts - T_{31}) \partial B_{31}(T_{31}) / \partial T \qquad （式 3-14c）$$

$$B_{31}(Ta) = (L_{31} + Ta - T_{31}) \partial B_{31}(T_{31}) / \partial T \qquad （式 3-14d）$$

$$B_{32}(Ts) = (L_{32} + Ts - T_{31}) \partial B_{32}(T_{31}) / \partial T \qquad （式 3-14e）$$

$$B_{32}(Ta) = (L_{32} + Ta - T_{31}) \partial B_{32}(T_{31}) / \partial T \qquad （式 3-14f）$$

Qin 等[3]研究表明，参数 Li 与温度 Ti 之间呈很明显的线性关系，在这里，用线性表达式式 3-15 来表示 Li：

$$Li = ai + biTi \qquad （式 3-15）$$

对于 MODIS 的通道 31，通道 32 两个波段回归分析得到：

$$L_{31} = -64.603\ 63 + 0.440\ 817 T_{31} \qquad （式 3-16a）$$

$$L_{32} = -68.725\ 75 + 0.473\ 453 T_{32} \qquad （式 3-16b）$$

（三）劈窗算法的推导

为了简便起见，定义：

$$Ci = \varepsilon i \tau i(\theta) \qquad （式 3-17）$$

$$Di = [1 - \tau i(\theta)][1 + (1 - \varepsilon i) \tau i(\theta)] \qquad （式 3-18）$$

因此，式 3-11 可重写成如下形式：

$$B_{31}(T_{31}) = C_{31} B_{31}(Ts) + D_{31} B_{31}(Ta) \qquad （式 3-19a）$$

$$B_{32}(T_{32}) = C_{32} B_{32}(Ts) + D_{32} B_{32}(Ta) \qquad （式 3-19b）$$

把普朗克函数的展开式 3-14 代入上式，得到：

$L_{31}\partial B_{31}(T_{31})/\partial T = C_{31}(L_{31}+Ts-T_{31})\partial B_{31}(T_{31})/\partial T + D_{31}(L_{31}+Ta-T_{31})\partial B_{31}(T_{31})/\partial T$ （式 3-20a）

$(L_{32}+T_{32}-T_{31})\partial B_{32}(T_{31})/\partial T = C_{32}(L_{32}+Ts-T_{31})\partial B_{32}(T_{31})/\partial T + D_{32}(L_{32}+Ta-T_{31})\partial B_{32}(T_{31})/\partial T$ （式 3-20b）

消去式 3-20a 中的 ∂B_{31}（T_{31}）$/\partial T$ 和式 3-20b 中的 ∂B_{32}（T_{31}）$/\partial T$ 得：

$L_{31} = C_{31}(L_{31}+Ts-T_{31}) + D_{31}(L_{31}+Ta-T_{31})$ （式 3-21a）

$L_{32}+T_{32}-T_{31} = C_{32}(L_{32}+Ts-T_{31}) + D_{32}(L_{32}+Ta-T_{31})$ （式 3-21b）

从联立方程式 3-21a 和式 3-21b 中消去 Ta，得：

$D_{32}L_{31}-D_{31}(L_{32}+T_{32}-T_{31}) = D_{32}C_{31}(L_{31}+Ts-T_{31}) - D_{31}C_{32}(L_{32}+Ts-T_{31}) + D_{32}D_{31}(L_{31}-T_{31}) - D_{31}D_{32}(L_{32}-T_{31})$ （式 3-22）

对式 3-22 求解 Ts，并把式 3-15 代入，得到劈窗算法公式：

$Ts = A_0 + A_1 T_{31} - A_2 T_{32}$ （式 3-23）

式中，系数 A_0，A_1 和 A_2 分别定义为：

$A_0 = E_1 a_{31} - E_2 a_{32}$ （式 3-24a）

$A_1 = 1+A+E_1 b_{31}$ （式 3-24b）

$A_2 = A+E_2 b_{32}$ （式 3-24c）

在这里，a_{31}、b_{31}、a_{32} 和 b_{32} 是常量，在地表温度 0~50℃ 范围内分别可取 $a_{31} = -64.60363$，$b_{31} = 0.440817$，$a_{32} = -68.72575$，$b_{32} = 0.473453$；其他中间参数分别计算如下：

$A = D_{31}/E_0$ （式 3-25a）

$E_1 = D_{32}(1-C_{31}-D_{31})/E_0$ （式 3-25b）

$$E_2 = D_{31}(1 - C_{32} - D_{32})/E_0 \qquad \text{（式 3-25c）}$$

$$E_0 = D_{32}C_{31} - D_{31}C_{32} \qquad \text{（式 3-25d）}$$

式 3-23 所示的劈窗算法把其 3 个重要系数 A_0、A_1、和 A_2 的确定直接与大气透过率、地表比辐射率和遥感器视角联系起来。对于某个特定的像元而言，遥感器的视角是已知的。因此，这一劈窗算法的两个关键参数是大气透过率和地表比辐射率，这两个参数的确定也是算法的重要组成部分。

二、亮度温度的计算

由于得到的数据是影像的灰度值（DN 值），因此，要计算星上亮温，必须先将 DN 值转换成相应的辐射强度值，然后再用普朗克函数求解星上亮温，即式 3-23 中的 T_{31} 和 T_{32}。MODIS 是在轨定标，不同波段、不同时刻的定标参数都有所不同，因此要分别计算，从 MODIS 数据的头文件中可以读到每一波段的增益量（*scales*）和漂移量（*offsets*），根据下面的公式来计算辐亮度 L（$W \cdot m^{-2} \cdot sr^{-1} \cdot \mu m^{-1}$）：

$$L = (DN - offset) \cdot scales \qquad \text{（式 3-26）}$$

式中，DN 为图像的灰度值，分别对第 31、第 32 两波段进行运算。

计算得图像的热辐射强度之后，便可用普朗克函数求解出星上亮度温度，计算公式如下：

$$T_i = \frac{C_2}{\lambda_i \ln\left(1 + \dfrac{C_1}{\lambda_i^5 I_i}\right)} \qquad \text{（式 3-27）}$$

式中，T_i 是 MODIS 第 i（$i=31$，32）波段的亮度温度，即式 3-23 中的 T_{31} 和 T_{32}；I_i 是 MODIS 第 i（$i=31$，32）波段的热辐射强度，由公式（3.26）给出；λ_i 是第 i（$i=31$，32）波段的有效中心波长；由于 MODIS 第 31 和第 32 波段的波长区间分别为 10.78 ~ 11.28μm 和 11.77 ~ 12.27μm，所以 λ_i 可分别取 $\lambda_{31} = 11.03$μm 和 $\lambda_{32} = 12.02$μm；C_1 和 C_2 分别为第 1 和第 2 光谱常量，分别取 $C_1 = 1.19107 \times 10^{-16}$ W·m^2 和 $C_2 = 1.4387685 \times 10^4$ μm·K。值得指出的是，在计算中应特别注意 C_1、I_i 和 λ_i 之间的单位转换问题。为了便于计算，我们把式 3-27 进行简化，设：$K_{i2} = C2/\lambda_i$ 和 $K_{i1} = C_1/\lambda_i{}^5$，则有亮度温度：

$$T_i = K_{i2}/\ln(1 + K_{i1}/I_i) \qquad\qquad (式3-28)$$

式中，K_{i1} 和 K_{i2} 是常量，对于第 i（$i=31$）波段，分别为 $K_{31,1} = 729.541636$ W·m^{-2} sr^{-1} μm^{-1}，$K_{31,2} = 1304.413871$ K；对于第 i（$i=32$）波段，为 $K_{32,1} = 474.684780$ W·m^{-2} sr^{-1} μm^{-1}，$K_{31,2} = 1196.978785$ K。

三、大气透过率估计

（一）大气水汽含量计算

大气透过率 $\tau_i(\theta)$ 是计算地表温度的基本参数，通常是通过大气水汽含量来估计。本研究通过 MODIS 第 2 和第 19 波段来反演大气水分含量，然后再根据大气水分含量与大气透过率之间的关系来估计大气透过率。对于 MODIS 图像中的任何一个像元，其可能的大气水分含量可用下式估计[57,58]：

$$w = \left[\frac{\alpha - \ln(\frac{\rho_{19}}{\rho_2})}{\beta} \right]^2 \qquad\qquad （式 3-29）$$

式中，w 是大气水分含量（$g \cdot cm^{-2}$），α 和 β 是常量，分别取 $\alpha = 0.02$ 和 $\beta = 0.632\ 1$；ρ_{19} 和 ρ_2 分别是 MODIS 第 19 和第 2 波段的地面反射率，由式 3-26 计算。

（二）MODTRAN 模拟

大气透过率与大气水分含量之间的关系可以通过大气辐射传输模型模拟来确定。MODTRAN 是最常用的大气辐射传输模拟软件，它在 LOWTRAN 的基础上进行了较大改进。MODTRAN 将光谱的半高全宽度（Full Width Half Maximum，FWHM）由 $20 cm^{-1}$ 减少到 $2 cm^{-1}$，发展了一种 $2 cm^{-1}$ 光谱分辨率的分子吸收算法，更新了对分子吸收的气压温度关系的处理，同时维持 LOWTRAN 的基本程序和使用结构[59]。目前的 MODTRAN 模拟的光谱分辨率已经达到 $1 cm^{-1}$。

利用 MODTRAN 进行大气透过率的模拟需要输入 4 个方面的参数：大气模式、气溶胶及云雨模式、探测几何模式、波段及分辨率。本研究是对全国范围内全年地表温度的反演，因此分别针对中纬度夏季和中纬度冬季两个大气模式进行模拟，大气路径选择两个高度间垂直或斜程，由于主要是针对热红外波段，因此不考虑多次散射；气溶胶廓线和云模式需要一些精确的大气参数，这里主要用系统的默认值；探测几何模型主要根据 MODIS 传感器的特点，分别设定不同的观测角度进行模拟；光谱区和步长可以设定为 MODIS31、MODIS32 两通道的波段范围，也可以把这两个波段的响应函数直接输入 MODTRAN。MODIS31、MODIS32 两波段的响应函数如图 3-3、图 3-4 所示，可以看出这两个波段的波谱响应并不是严格在中心波长值的位置达到最大，也不一定是只有一个峰值，因此只输入波段范围及中心波长的模拟与传感器的响应范围有一定的差别。本研究将 MODIS 的波段响应函数直接输入 MODTRAN，这样模型会自动根据响应函数进行卷积计算，结果的精度会比只输入波段范围要高。

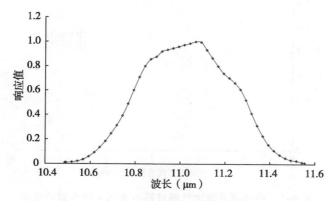

图 3-3　MODIS31 波段响应函数

　　根据 MODIS31、MODIS32 两波段的响应函数，分别对中纬度夏季和冬季大气剖面数据进行模拟，其星下的大气透过率与大气水分含量之间的关系如图 3-5、图 3-6 所示，表 3-1 显示这一关系的详细数据。

基于 MODIS 数据的中国地表温度反演

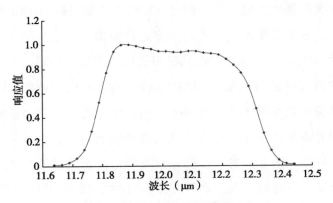

图 3-4 MODIS32 波段响应函数

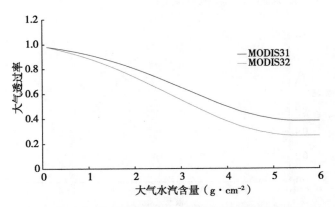

图 3-5 中纬度夏季大气透过率与大气水汽含量的关系

从图 3-5、图 3-6 中可以看出，大气透过率与大气水汽含量之间呈比较明显的线性关系，在中纬度夏季，当水汽含量为 5.4 g·cm^{-2} 时达到饱和，而在中纬度冬季饱和水汽含量为 1.4g·cm^{-2}。为了计算方便，进一步对图 3-5、图 3-6 所示的关

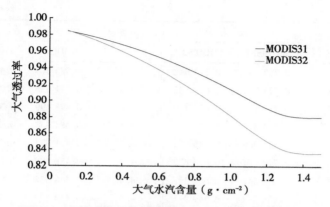

图 3-6　中纬度冬季大气透过率与大气水汽含量的关系

系进行分段回归拟合，得到如表 3-2 所示的结果。因此，根据上述方法求得大气水分含量后，将按照表 3-2 所示的方程估计第 31 和第 32 波段星下点的大气透过率，即 τ_{31} 和 τ_{32}。

表 3-1　MODIS31、MODIS32 两波段的大气透过率随大气水分的变化

水汽含量 ($g \cdot cm^{-2}$)	夏　季		水汽含量 ($g \cdot cm^{-2}$)	夏　季	
	MODIS31	MODIS32		MODIS31	MODIS32
0.1	0.980 271	0.979 537	1.1	0.907 165	0.873 288
0.2	0.974 583	0.970 679	1.2	0.897 234	0.859 787
0.3	0.968 779	0.961 653	1.3	0.886 813	0.845 749
0.4	0.962 684	0.952 324	1.4	0.875 917	0.831 189
0.5	0.956 196	0.942 599	1.5	0.864 561	0.816 134
0.6	0.949 265	0.932 402	1.6	0.852 76	0.800 608
0.7	0.941 853	0.921 689	1.7	0.840 533	0.784 643
0.8	0.933 942	0.910 433	1.8	0.827 902	0.768 269
0.9	0.925 524	0.898 616	1.9	0.814 884	0.751 523
1.0	0.916 598	0.886 235	2.0	0.801 504	0.734 434

水汽含量 (g·cm⁻²)	夏 季		水汽含量 (g·cm⁻²)	夏 季	
	MODIS31	MODIS32		MODIS31	MODIS32
2.1	0.787 783	0.717 042	3.8	0.526 003	0.410 236
2.2	0.773 744	0.699 382	3.9	0.511 685	0.394 894
2.3	0.759 411	0.681 492	4.0	0.498 199	0.380 59
2.4	0.744 812	0.663 41	4.1	0.484 757	0.366 479
2.5	0.729 966	0.645 174	4.2	0.471 373	0.352 577
2.6	0.714 901	0.626 822	4.3	0.458 079	0.338 917
2.7	0.699 641	0.608 39	4.4	0.448 538	0.329 187
2.8	0.684 212	0.589 915	4.5	0.438 873	0.319 414
2.9	0.668 639	0.571 435	4.6	0.429 101	0.309 614
3.0	0.652 947	0.552 982	4.7	0.419 234	0.299 807
3.1	0.637 16	0.534 592	4.8	0.412 354	0.293 006
3.2	0.621 303	0.516 298	4.9	0.405 383	0.286 16
3.3	0.605 4	0.498 132	5.0	0.398 204	0.279 157
3.4	0.589 474	0.480 124	5.1	0.393 012	0.274 111
3.5	0.573 55	0.462 304	5.2	0.388 447	0.269 692
3.6	0.557 649	0.444 699	5.3	0.384 782	0.266 151
3.7	0.541 793	0.427 335	5.4	0.383 474	0.264 888

水汽含量 (g·cm⁻²)	冬 季		水汽含量 (g·cm⁻²)	冬 季	
	MODIS31	MODIS32		MODIS31	MODIS32
0.1	0.984 334	0.984 804	0.8	0.935 384	0.912 141
0.2	0.979 63	0.977 537	0.9	0.925 168	0.89 767
0.3	0.974 239	0.969 256	1.0	0.914 16	0.882 252
0.4	0.968 089	0.959 926	1.1	0.902 38	0.865 935
0.5	0.961 144	0.949 541	1.2	0.891 341	0.85 074
0.6	0.953 379	0.938 104	1.3	0.883 254	0.839 587
0.7	0.944 791	0.925 63	1.4	0.880 571	0.835 793

表 3-2　MODIS 第 31 和第 32 波段的大气透过率估计方程

季　节	水分含量 ($g \cdot cm^{-2}$)	大气透过率估计方程	SEE	R^2	F
夏　季	0.4~2.0	$t_{31}=1.016\ 36-0.103\ 46w$	0.003 44	0.991 36	1 605.7
		$t_{32}=1.021\ 44-0.139\ 27w$	0.003 73	0.994 39	2 480.1
	2.0~4.0	$t_{31}=1.117\ 95-0.155\ 36w$	0.001 56	0.999 83	98 912.9
		$t_{32}=1.093\ 61-0.179\ 80w$	0.002 81	0.999 58	40 526.8
	4.0~5.4	$t_{31}=0.773\ 13-0.074\ 04w$	0.020 05	0.966 37	316.1
		$t_{32}=0.651\ 66-0.073\ 54w$	0.020 89	0.963 13	287.4
冬　季	0.4~1.4	$t_{31}=1.101\ 089-0.096\ 56w$	0.002 89	0.992 78	1 100.7
		$t_{32}=0.970\ 22-0.080\ 57w$	0.012 49	0.840 74	73.9

（三）大气透过率的遥感器视角校正和温度校正

大气透过率还受遥感器视角和大气剖面温度的影响，因此，大气透过率的估计需要进行视角和温度校正[19,20]。表 3-3 是大气透过率的温度校正函数。一般认为，大气透过率将随温度增高而增高。由于表 3-2 所示的大气透过率与大气水分含量之间的关系是根据近地气温为 25℃ 进行模拟的结果，所以，当近地气温高于此温度时，大气透过率应增高一些，而低于此则相应减低。

表 3-3　大气透过率的温度校正函数

波　段	温度校正函数	温度区间
MODIS31	$\delta\tau_{31}(T)=0.08$	$T_{31}>318K$
	$\delta\tau_{31}(T)=-0.05+0.003\ 25\ (T_{31}-278)$	$278<T_{31}<318K$
	$\delta\tau_{31}(T)=-0.05$	$T_{31}<278K$
MODIS32	$\delta\tau_{32}(T)=0.095$	$T_{32}>318K$
	$\delta\tau_{32}(T)=-0.065+0.004\ (T_{32}-278)$	$278<T_{31}<318K$
	$\delta\tau_{32}(T)=-0.065$	$T_{31}<278K$

注：T_{31} 和 T_{32} 是第 31 和第 32 波段的亮度温度

　　由于 MODIS 传感器扫描带宽为 2 330km，卫星飞行高度为 705km，边缘区域的视角与星下点视角差别比较大，最大视角可达 55°。边缘处的像元大小是星下点处的 3 倍，因此在 MODIS 地表温度反演中，视角变化带来的影响成为一个不可忽略的因素。视角增大会延长光线在大气中的传播路径（图 3-7），增大了大气对电磁波的削弱作用，从而对大气透过率产生很大的影响。在地表温度反演中，大气透过率是算法的一个重要参数，为获得更高的地表温度反演结果，有必要对视角问题进行深入研究，并在一定程度上减轻视角变化对温度反演结果的影响。

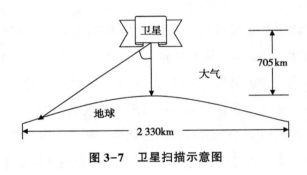

图 3-7　卫星扫描示意图

　　图 3-8、图 3-9 是用 MODTRAN 模拟的 MODIS31 波段不同天顶角下透过率随大气水汽含量的变化，以及不同水汽含量条件下透过率随天顶角的变化。从图 3-8 中可以看出，在传感器天顶角为 20°时，透过率受视角变化的影响并不明显，当天顶角达到 30°时，随着角度的增大，对透过率的影响迅速增强。在不同的大气水汽含量条件下，大气透过率随天顶角的变化趋势基本一致，都是随着角度的增大，透过率逐渐降低，到 30°时降低的幅度开始

增大。

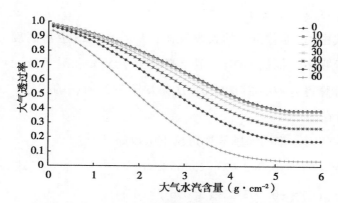

图 3-8　不同天顶角下透过率随大气水汽含量的变化

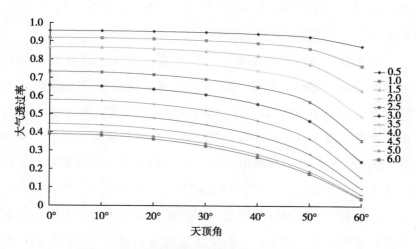

图 3-9　不同水汽含量下透过率随天顶角的变化

在传感器的扫描过程中，每增加一行，视角就会有相应的变化，越往两侧视角越大。本研究用式 3-30 计算卫星的传感器视角：

$$\theta_i = I_0 \cdot |D_0 - D_i|$$ （式 3-30）

式中，θ_i 是像元 i 的天顶视角；I_0 是 MODIS 卫星高度的星下点像元视角，根据 MODIS 卫星高度为 705km 和星下像元尺度为 1km 计算得 $I_0 = 0.081\ 270\ 6$；D_0 是星下像元所在的列号；D_i 是像元 i 所在的列号。

大气透过率的遥感器视角校正函数如下[3]：

$$\delta\tau_{31}(\theta) = -0.002\ 47 + (2.365\ 2 \times 10^{-5})\theta^2$$ （式 3-31a）

$$\delta\tau_{32}(\theta) = -0.003\ 22 + (3.096\ 7 \times 10^{-5})\theta^2$$ （式 3-31b）

式中，θ 是 MODIS 遥感器的天顶视角，单位是度。根据 MODIS 最大扫描宽为 1 354列计算，最边像元的视角可达 55.02°，由此可引起大气透过率降低近 0.09。

以渤海湾及其周边地区为例，分析视角变化对透过率的影响，以及对最终得到的地表温度的影响。所选图像成像时间为 2004 年 4 月 4 日上午 10：46，研究区 RGB 合成如图 3-10 所示，图上大多数地区为无云区域，但是辽东半岛及朝鲜半岛地区有部分云覆盖，另外在渤海湾沿岸及江苏东部沿海有薄云雾存在，对大气透过率也会有一定的影响。该区位于中国东部，纬度适中，包括陆地和海洋两种地表形态。而且成像时间正处于春季，地表温度异常变化小，对于研究视角变化对地表温度反演的影响比较有代表性。

根据上面的方法计算31、32 两波段大气透过率，并与传感器视角校正后的透过率进行比较。为便于分析，在如图 3-10 所示

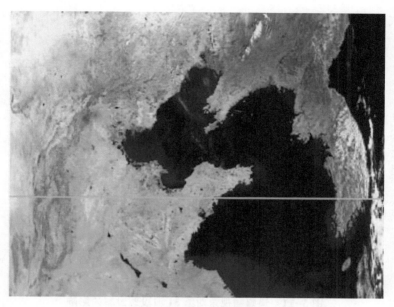

图 3-10　大气透过率视角校正研究区 RGB 合成图

的位置做一横剖面，比较分析结果如图 3-11、图 3-12 所示。从图 3-11、图 3-12 可以看出，视角变化对第 31、第 32 两个波段透过率的影响趋势基本一致，随着视角的增大，引起的透过率降低也迅速增大。当遥感器视角达到 20°左右时，引起的透过率误差为 0.01；当视角达到 27°时，透过率误差增加到 0.02；视角为 40°时，就可以引起 0.05 的透过率误差，最大可达 0.086。地表温度反演的参数敏感性分析表明[60]，当第 31 波段透过率有 0.086 的估计误差时，可以引起的地表温度误差为 3~4℃。另外，图上中间部分有一个透过率的突变值，右侧的透过率明显比左侧低，这是因为左侧部分为陆地，右侧部分为海洋，海洋上空的水汽含量高，透过率相对比较低。

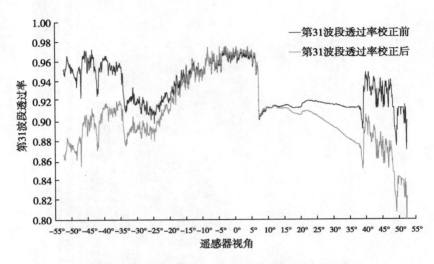

图 3-11 遥感器视角对第 31 波段透过率的影响

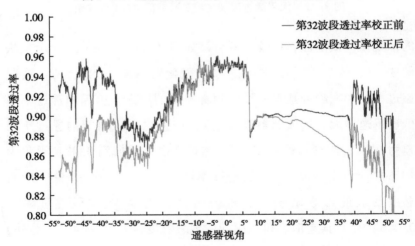

图 3-12 遥感器视角对第 32 波段透过率的影响

在基于 MODIS 数据的地表温度反演中，大气透过率是一个关键参数，透过率的估计对地表温度反演结果的影响非常大，图 3-13 是视角校正前后反演得到的地表温度对比。图 3-13 可以看出，只有在中间视角较小的区域温度差别不大，当视角大于 20°时，温度差别就很明显了。为了增强对比的直观性，选取图像左侧视角大于 28°的区域分析如图 3-14 所示。当视角大于 28°时，温度误差平均值为 1.18℃，最大值可达 3.64℃，这对于地表温度反演来说是相当大的误差，严重影响了地表温度的应用。因此，地表温度反演中，遥感器的视角校正非常必要。

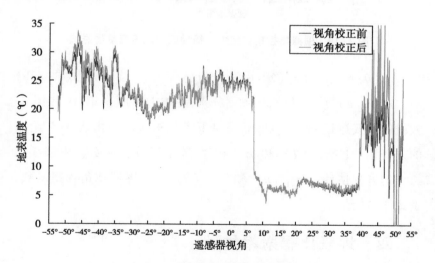

图 3-13　遥感器视角对地表温度的影响

由以上分析可得，MODIS 地表温度反演中所需第 31 和第 32 波段的大气透过率的估计方法如下：

$$\tau_{31}(\theta) = \tau_{31} + \delta\tau_{31}(T) - \delta\tau_{31}(\theta) \qquad （式 3-32a）$$

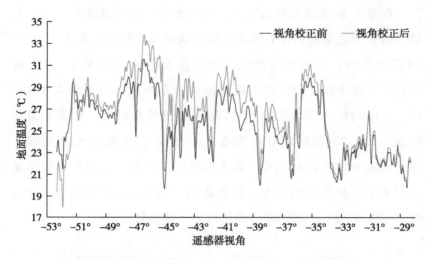

图 3-14　遥感器视角在图像边缘地区对地表温度的影响

$$\tau_{32}(\theta) = \tau_{32} + \delta\tau_{32}(T) - \delta\tau_{32}(\theta) \qquad (式 3\text{-}32b)$$

式中，τ_{31}（θ）和 τ_{32}（θ）分别是 MODIS 图像第 31 和第 32 波段的大气透过率；τ_{31} 和 τ_{32} 是星下大气透过率，由表 3-2 给出的方程估计；$\delta\tau_{31}$（T）和 $\delta\tau_{31}$（T）是温度校正函数，由表 3-3 给出的方程估计；$\delta\tau_{31}$（θ）和 $\delta\tau_{32}$（θ）是遥感器视角校正函数，由式 3-31 给出。

四、地表比辐射率估计

地表比辐射率是地表温度遥感反演的基本参数，主要取决于地表的物质结构[19]。地球表面不同区域的地表结构虽然很复杂，但从 MODIS 像元的尺度来看，可以大体视作由 3 种类型构成：水面、城镇和自然表面[57]。城镇包括城市和村庄，主要是由道路、各种建筑和房屋为所组成，其间也混杂一定比例的绿化植被和裸土。城镇像元在多数图像中所占比例不大。自然表面主要是指各种天然陆地表面、林地和农田等。对于地表温度反演来说，自然表面通常占图像比例最大，因而也是我们考虑的重点所在。实际上，这一类型的像元可以简单地看作是由不同比例的植被叶冠和裸土所组成，即混合像元。根据混合像元的热辐射构成，MODIS图像的地表比辐射率可以用下式估计[57]：

$$\varepsilon_i = P_v R_v \varepsilon_{iv} + (1 - P_v) R_s \varepsilon_{is} + d_\varepsilon \qquad （式 3-33）$$

式中，ε_i 是 MODIS 图像第 i（$i = 31$，32）波段的地表比辐射率；ε_{iv} 和 ε_{is} 分别是植被和裸土在第 i 波段的地表比辐射率，分别取 $\varepsilon_{31v} = 0.98672$，$\varepsilon_{32v} = 0.98990$，$\varepsilon_{31s} = 0.96767$，$\varepsilon_{32s} = 0.97790$；$P_v$ 是像元的植被覆盖率，通过植被指数估计；d_ε 是热辐射相互作用校正，由植被和裸土之间的热辐射相互作用产生；R_v 和 R_s 分别是植被和裸土的辐射比率，定义如下[57]：

$$R_v = B_v (T_v) / B (T) \qquad （式 3-34）$$

$$R_s = B_s (T_s) / B (T) \qquad （式 3-35）$$

其中 $B_v (T_v)$ 和 $B_s (T_s)$ 分别是混合像元内植被和裸土的热辐射强度，是混合像元的热辐射强度。根据普朗克函数，R_v 和 R_s 分别由下式确定：

$$R_v = \frac{\exp(\frac{C_2}{\lambda T}) - 1}{\exp(\frac{C_2}{\lambda T_v}) - 1} \qquad （式 3-36）$$

$$R_v = \frac{\exp(\frac{C_2}{\lambda T}) - 1}{\exp(\frac{C_2}{\lambda T_s}) - 1} \qquad (式\ 3-37)$$

式中，C_2 是普朗克光谱常量，λ 是中心波长，T 是温度。模拟计算表明，R_v 和 R_s 不仅取于温度变化，而且取决于植被覆盖度，并且后者的影响更大。因此，可以建立它们与植被覆盖度之间的关系来进行估计：

$$R_v = 0.927\ 62 + 0.070\ 33 P_v \qquad (式\ 3-38)$$

$$R_s = 0.997\ 82 + 0.083\ 62 P_v \qquad (式\ 3-39)$$

植被覆盖度 P_v 主要是通过植被指数来估计[58]：

$$p_v = \frac{NDVI - NDVI_s}{NDVI_v - NDVI_s} \qquad (式\ 3-40)$$

式中，$NDVI$ 是植被指数，$NDVI_v$ 和 $NDVI_s$ 分别是茂密植被覆盖和完全裸土像元的 $NDVI$ 值，通常取 $NDVI_v = 0.9$，$NDVI_s = 0.15$。因此，当 $NDVI > NDVI_v = 0.9$ 时，$P_v = 1$，表示该像元是一个茂密植被覆盖的地区，看不见露的土壤表面；否则，当 $NDVI < NDVI_s = 0.15$ 时，$P_v = 0$，表示该像元是一个完全裸露的地区，没有任何植被覆盖；对于 MODIS 图像而言，$NDVI$ 是用第 1 和第 2 波段来计算：

$$NDVI = \frac{B_2 - B_1}{B_2 + B_1} \qquad (式\ 3-41)$$

式中，B_1 和 B_2 分别是 MODIS 图像第 1 和第 2 波段的反射率。

最后，我们需要估计相互作用校正项 d_ε。由于热辐射相互作用在植被与裸土各占一半时达到最大，所以我们根据 Sobrino 等[10]的研究提出如下经验公式来估计 d_ε：

当 $P_v = 0$ 或者 $P_v = 1$ 时，d_ε 最小，为 $d_\varepsilon = 0.0$

当 $0 < P_v < 0.5$ 时，$d_\varepsilon = 0.003\,796 P_v$

当 $1 > P_v > 0.5$ 时，$d_\varepsilon = 0.003\,796\,(1 - P_v)$ （式 3-42）

当 $P_v = 0.5$ 时，d_ε 最大，为 $d_\varepsilon = 0.001\,898$

值得指出的是，用式 3-33 计算出的 ε_i 若大于 ε_{iv}，则取 $\varepsilon_i = \varepsilon_{iv}$。$\varepsilon_i$ 若小于 ε_{is}，则取 $\varepsilon_i = \varepsilon_{is}$。

对于水体像元，直接取水体的地表比辐射率作为该像元的地表比辐射率：$\varepsilon_{31} = \varepsilon_{31w} = 0.996\,83$，$\varepsilon_{32} = \varepsilon_{32w} = 0.992\,324$。

对于陆地像元，根据植被覆盖率，用式 3-42 估计该陆地像元的相互作用校正项 d_ε，并进而用式 3-33 估计地表比辐射率 ε_{31} 和 ε_{32}。

第四章 地表温度的精度评价与验证

地表温度是地球表层与大气之间能量交换的重要参数，在气象、水文、生态等方面都有着广泛的应用。全国范围内的地表温度反演结果主要用于地表热量空间分析、地表蒸散发、热异常监测以及全球变化研究等方面[59]。在地表温度数据的应用中，有些要求有较高的精度，有些则要求不太高。地表温度的精度将直接影响到它的应用范围，正确地估计地表温度产品的误差范围，是MODIS 地表温度数据推广应用的重要保证[61]。

一、影响地表温度反演精度的因素分析

影响地表温度数据精度的因素主要包括以下几个方面：遥感器方面的误差、算法本身的误差、算法中参数估计的误差。要想进一步验证 MODIS 地表温度数据的精度，必须要考虑这些误差源的影响。可以说最好的验证是有一个与卫星图像相对应的地面观测样本，这样可以通过图像反演结果与实际观测结果的比较来确定温度数据的精度。但这一方法极难实现，主要是因为：① MODIS地表温度的像元尺度达 1km，而地面观测是一个点的观测，最多也只能是很小面积的观测。要想获得一个面积达 1km 的

范围内的平均温度，在实际操作中是不可能的。②地表温度具有很大的空间差异性。很小距离内（如 10m）地表的温度变化可能高达好几度。这样，由点到面的推导可能会产生很大误差，从而很难用来进行卫星图像的验证。③卫星飞行速度很快，飞过某一地区的时间极短，如从中国南边的海南岛到最北部的黑龙江仅有 10 多分钟。在这么短的时间内，如何获得一个地区符合统计检验要求的地面观测样本，是极其困难的。④地表面的复杂性结构使地面观测极难与卫星观测相对应，卫星遥感器所观测到的表面在不同情况下有较大差异。在裸露地表，这个表面就是地表面；在有茂密植被覆盖的地区，这个表面是叶冠表面；在植被不是很茂密的地区，这个表面就是叶冠表面与地表面的混合物。因此，地表温度也相应地附着卫星所观测到的表面的含义不同而有所不同。

考虑到卫星遥感观测的特点和上述困难，作者提出用参数敏感性分析和高分辨率遥感影像同步反演来进行 MODIS 地表温度的精度验证。

二、参数敏感性分析法

大气透过率和地表比辐射率是 MODIS 地表温度反演的基本参数，本研究通过 MODIS 数据的可见光和近红外波段来对这两个参数进行合理地估计，尽管估计的精度比较高，但仍会有一定的误差。为了分析参数估计误差对地表温度反演精度的影响，先假定某一参数有一微小误差，其他参量不变或在指定的范围内变化，分析不同情况下由这一误差带来的最终结果的变化[3]，为表达方便可以用式 4-1 来计算可能产生的 LST 误差 ΔTs ：

$$\Delta Ts = |Ts(x+\Delta x) - Ts(x)| \qquad (式 4-1)$$

其中 x 是指敏感性分析所针对的变量，Δx 是该变量可能产生的误差，$Ts(x+\Delta x)$ 和 $Ts(x)$ 是当自变量分别为 $x+\Delta x$ 和 x 时由式 3-23 求出的地表温度。

（一） 大气透过率的敏感性分析

透过率的敏感性分析是在几个假设条件下进行的，由于 MODIS 的热红外波段空间分辨率为 1km，在此像元尺度下，地球表面可以大体视作由水面、城镇和自然地表组成，其中自然地表占的比例最大，主要包括各种天然陆地表面、林地和农田等，实际上，这一类型的像元可以简单地看作是由不同比例的植被叶冠和裸土所组成，根据植被及裸土的光谱库分析，可以假定两波段的平均比辐射率均为 0.97[3]。然后要进行亮度温度的假设，在中纬度夏季，亮度温度的一般在 0～70℃ 范围内，实践分析表明，第 31 波段的亮度温度通常比第 32 波段高，在此可以先假定 T_{31} - $T_{32} = 0.7℃$ 。

由图 4-1 可以看出，在透过率误差一定的条件下，可能的地表温度（以下简称为 LST）误差随透过率大小变化很小，只有到了透过率超过 0.9 之后才有微小的增大，因此 LST 的误差对透过率本身大小并不敏感，只与透过率误差大小有明显关系，32 波段透过率中等误差条件下引起的 LST 误差大都低于 0.4℃。因为大气透过率是通过大气水汽含量估计得到的，所以误差的产生往往不只在一个波段，两个波段都会有相应的误差。从图 4-2 可以看出当两个波段同时有误差时，可能的 LST 误差就明显的变小，在透过率有中等误差条件下，LST 误差一般不超过 0.2℃，这说明在两波段亮温差一定的条件下，可能的 LST 误差对透过率误差并不敏感。

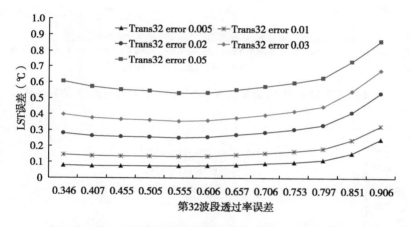

图 4-1 第 32 波段透过率不同误差条件下引起的 LST 误差

上面的分析是在假定 $T_{31} - T_{32} = 0.7$℃的条件下进行的，而在实际情况中，两波段的亮温差往往会在更大的范围内变动，上述假定只能得到一个相对平均的结果。因此需要继续分析亮温差在（-2，2）范围内变化时，透过率的误差对 LST 的影响。由图 4-3、图 4-4 可以看出，当 $T_{31} - T_{32} = 0$ 时，不管透过率为多少，LST 误差均很小，而随着 $| T_{31} - T_{32} |$ 的增大，LST 的误差迅速增大。若 $| T_{31} - T_{32} | = 2$，则即使 32 波段透过率误差仅为 0.005 时，LST 的误差就可达 0.4℃；但是当 31、32 两波段透过率均有 0.005

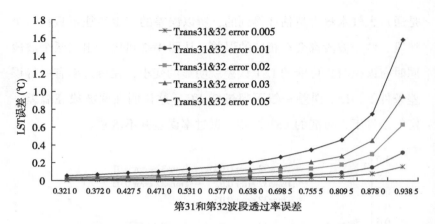

图 4-2　第 31 和第 32 两波段透过率同时有误差时引起的 LST 误差

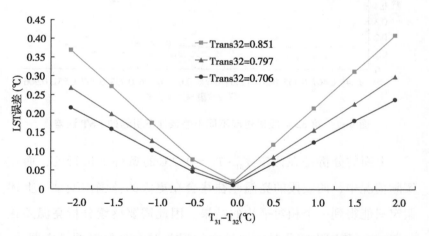

图 4-3　第 32 波段透过率误差为 0.005 时 LST 误差与两波段亮温差的关系

时，LST 的误差减为 0.2℃。由以上的分析可知，当两波段透过率同时有中等误差时，产生的 LST 误差一般在 0.4℃ 左右，而在两波段亮温差小于 0.7℃ 的情况下，即使透过率有较大误差该方法仍能得到比较高的 LST 精度。统计分析表明，在没有云影响的图像中，有 80% 以上的像元两波段亮温差都小于 1℃，因此算法对大气透过率的误差并不敏感。

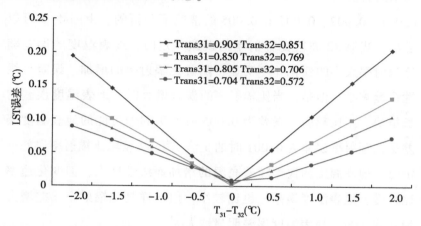

图 4-4　两波段透过率误差均为 0.005 时 LST 误差与两波段亮温差的关系

（二）地表比辐射率的敏感性分析

地表比辐射率对地表温度来说是一个很重要的参数，也往往是一个比较敏感的参数，很多学者对此做出了专门的研究，Li 和 Becker[31] 以 NOAA－AVHRR 为例，研究单个波段比辐射率误差 $\delta\varepsilon_4$、$\delta\varepsilon_5$ 以及两波段比辐射率差值的误差 δ（$\varepsilon_4-\varepsilon_5$），并估计这些误差带来的可能的地表温度误差。他们的研究结果表明，在比辐射率误差为 0.01 时，引起的地表温度误差可达 1.6℃，因此，精确的地表比辐射率估计对地表温度反演的精度非常重要。

比辐射率的敏感性分析如图 4-5 至图 4-8 所示，通过几个模拟可以更加深入的分析比辐射率的误差对温度的影响，研究地表温度误差与比辐射率大小的关系，与两波段比辐射率差值的关系以及与亮度温度的关系，所有这些都是在比辐射率误差分别为 0.001、0.002、0.003 和 0.005 的情况下分析的。由图 4-5 可以看出，当第 32 波段比辐射率的误差一定时，地表温度的误差随比辐射率大小的变化并不明显，随着比辐射率的增加，误差呈线性缓慢减小。但是，当比辐射率的误差增大时，地表温度误差增长很快。当比辐射率误差为 0.005 时所引起的可能的地表温度误差是比辐射率误差为 0.001 时的 5 倍。第 32 波段比辐射率误差一定时，地表温度的误差随着亮温的增加而线性增大，但变化速率比较慢，地表温度误差值也比较小，但同样是比辐射率误差增大为 0.005 时，地表温度误差明显增大。

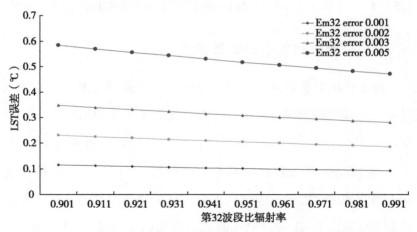

图 4-5 第 32 波段比辐射率不同误差条件下 LST 误差与比辐射率的关系

由图 4-5、图 4-6 与图 4-7、图 4-8 的比较我们可以得出当两个波段比辐射率同时有误差时，地表温度的误差情况。与单一波段有误差时同样的是：当比辐射率误差一定时，地表温度误差随比辐射率大小以及亮度温度的变化并不大，而当比辐射率误差增大时，地表温度误差会明显增加。不一样的是，与单一波段比辐射率有误差时相比，当两个波段比辐射率同时有误差时，所引起的可能的地表温度误差明显要小。在地表比辐射率的估计中，首先由 MODIS 数据的第 1、第 2 波段来分析混合像元的物质组成，然后根据不同物质组成的热辐射特征来求算两个波段的比辐射率，因此误差通常是在两个波段同时出现。由图 4-7、图 4-8 可知，当两个波段比辐射率同时有误差 0.001 时，所引起的地表温度误差低于 0.1℃，当比辐射率误差为 0.005 时，地表温度误差低于 0.5℃。所以，算法对地表比辐射率并不是很敏感，因此

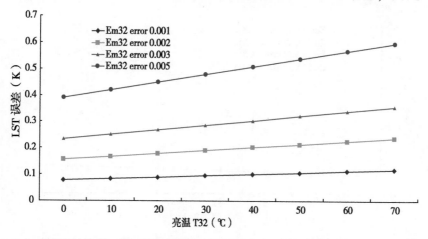

图 4-6　第 32 波段比辐射率不同误差条件下 LST 误差与亮温的关系

当比辐射率误差在中等范围内时，地表温度的反演仍可以达到很高的精度。

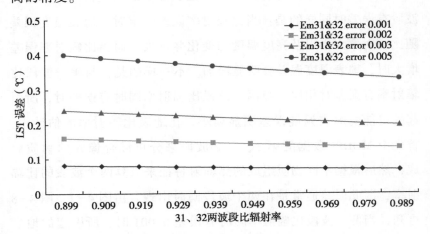

**图 4-7   第 31、第 32 两波段比辐射率同时有误差时
LST 误差与比辐射率的关系**

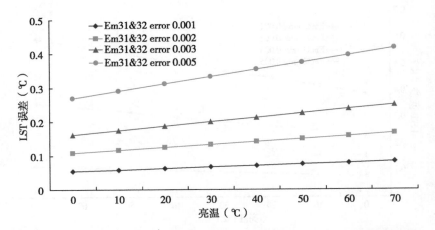

图 4-8   第 31、第 32 两波段比辐射率同时有误差时 LST 误差与亮温的关系

三、用高分辨率遥感影像初步验证

MODIS 数据热红外波段星下点空间分辨率为 1km，在该分辨率下得到的地表温度大多为混合像元的温度，为了进一步验证得到的地表温度的精度，采用分辨率相对较高的 ASTER 数据进行同步地表温度反演，利用 ASTER 数据进行验证的优势主要有以下几点：①相对于 MODIS 以及劈窗算法应用较多的 NOAA/AVHRR 数据，ASTER 数据的热红外波段星下点空间分辨率为 90m，应该说更准确地探测到了地表的细部特征，大大减小了温度反演的尺度，可以从尺度方面来验证地表温度的实用性。② ASTER 数据一共有 14 个波段，其中 5 个热红外波段，因此我们可以充分利用通道之间的相互作用来消除大气的影响。另外，通过它的可见光波段，还可以得到地表物质结构的信息，更有利于温度反演参数的确定。而我们所熟悉的 TM 数据虽然空间分辨率也比较高，热红外波段为 120m，可见光可达 30m，但是它只有一个热红外波段，只能用针对一个热红外波段的单窗算法来进行温度反演[6]。③ ASTER 传感器与 MODIS 同载于卫星 Terra 上，这样就可以同步的获取地面资料，这对于地面温度反演来说非常重要，因为温度时间空间分布差异比较明显，某地区在 1h 以内温度可以有几度的变化，而 1km 以内的温度也可以有几度的差异。因此 ASTER 数据的应用，可以保证温度反演的同步性，在一定程度上可以弥补难以获取地面实时观测资料的缺陷，这一点是任何其他卫星资料所没有的优势。

（一） ASTER 数据地表温度反演

分析 ASTER 数据的特点，仍采用 Qin 等 （2001）[3] 提出的劈窗算法来反演地表温度，该算法计算较简便并保持很高精度，所需的大气透过率和地表比辐射率两个参数也比较容易获得。因为劈窗算法最初是针对 NOVA-AVHRR 的第 4、第 5 通道来研究设计的[29]，而在 ASTER 的 5 个热红外波段中，第 13、第 14 两个波段的波长范围最接近于 AVHRR 的第 4、第 5 通道。因此，选用 ASTER 的第 13、第 14 作为温度反演的主要波段。ASTER 第 13、第 14 两个波段的响应函数如图 4-9 和图 4-10 所示。

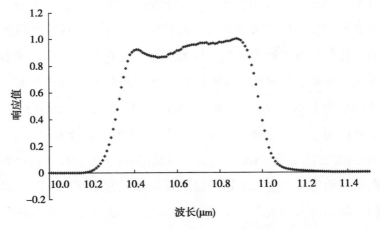

图 4-9　ASTER 第 13 波段响应函数

首先由第 13、第 14 这两个波段计算出辐射量，然后代入普郎克公式求出亮度温度。通过同一时相，同一地区的 MODIS 数据

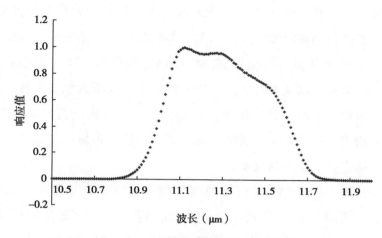

图 4-10　ASTER 第 14 波段响应函数

进行大气水汽含量的估算，然后用 MODTRAN 模拟出第 13、第 14
两个波段范围内大气水汽含量与大气透过率的关系。得到的大气
透过率进行重采样，形成与 ASTER 热红外波段数据相匹配的大气
透过率。地表比辐射率的估计与 MODIS 相似，选取 ASTER 的第
1、第 2 波段来对地表进行初分类，得到地表的物质结构信息，
根据 ASTER 数据的波段特点得到与第 13、第 14 波段对应的地表
比辐射率。亮度温度以及两个关键参数都得到以后，代入来推导
得出地表温度。根据 ASTER 数据第 13、第 14 通道的波段范围，
其中的常量 a_{13}，b_{13}，a_{14} 和 b_{14} 分别取值 $a_{13} = -60.994\ 033\ 4$，$b_{13} =$
$0.420\ 721\ 33$，$a_{14} = -63.283\ 493\ 9$，$b_{14} = 0.441\ 785\ 16$。

（二）ASTER 数据反演地表温度的精确性分析

由于是用 ASTER 数据反演得到的地表温度来验证 MODIS 地

表温度，因此 ASTER 数据反演地表温度的精确性分析尤为重要。因为实时的地面温度测量以及大气廓线数据比较难获得，所以本研究采用大气辐射传输模型 MODTRAN 来模拟。在假定地表温度、比辐射率以及大气状态已知的情况下，模拟大气辐射传导过程，求得卫星高度的热辐射，根据普郎克方程转变为亮度温度，然后用前面所述劈窗算法反演地面真实温度，最后通过二者的比较来确定温度反演的精度。

利用 MODTRAN 进行辐射传输模拟时需要设定的参数比较多，主要分为大气模式、气溶胶及云雨模式、探测几何模式、波段及分辨率 4 部分[59]。本研究所用 ASTER 影像的成像时间为 8 月 1 日，因此选取中纬度夏季大气剖面，在此大气剖面条件下，大气水汽含量平均值为 2.922 3g·cm^{-2}，因此模拟的水汽含量范围为 2.5 ~ 3.4g·cm^{-2}。比辐射率假设为 0.96，地表温度范围是 20 ~ 40℃。表 4-1 是用劈窗算法反演得到的温度与假设的地面真实温度差值表，从表 4-1 中可以看出，在模拟的温度及水汽含量范围内，应用于 ASTER 数据的劈窗算法反演得到的温度与地面真实温度的差值总体都比较小，绝对值的平均值为 0.307 9℃，最大值仅为 0.735 0℃，在平均水汽含量 2.9g·cm^{-2}处，误差值均在 0 ~ 0.5℃。这样得到的反演精度是在不考虑参数估计误差情况下的绝对精度，当考虑参数估计误差时，精度可以控制在 0.6 ~ 0.8℃范围内。因此，ASTER 遥感数据反演得到的地表温度有很高的精度，可以达到验证 MODIS 地表温度产品的要求。

表 4-1 ASTER 数据反演结果与地表真实温度差值

水汽含量 (g·cm⁻²)	不同地表温度下地表真实温度差值（℃）				
	20℃	25℃	30℃	35℃	40℃
2.5	-0.730 9	-0.559 8	-0.355 6	-0.122 9	0.134 4
2.6	-0.684 5	-0.510 2	-0.300 3	-0.060 4	0.206 0
2.7	-0.642 6	-0.464 8	-0.249 3	-0.001 3	0.274 4
2.8	-0.604 6	-0.422 7	-0.201 0	0.055 3	0.341 5
2.9	-0.569 2	-0.383 4	-0.155 1	0.110 1	0.407 1
3.0	-0.535 8	-0.345 8	-0.110 6	0.164 1	0.472 4
3.1	-0.504 2	-0.309 6	-0.067 2	0.216 7	0.537 1
3.2	-0.473 4	-0.274 6	-0.024 4	0.269 9	0.602 4
3.3	-0.443 3	-0.239 7	0.017 8	0.322 6	0.668 1
3.4	-0.413 4	-0.205 3	0.060 0	0.376 0	0.735 0

（三）MODIS 与 ASTER 地表温度反演结果比较

根据上面的方法计算，得到的 ASTER 地表温度与 MODIS 地表温度反演结果进行对比，如图 4-11 所示。图中是 2003 年 8 月 1 日太湖地区的图像，从两幅图的对比可以看出，分别由 MODIS 和 ASTER 数据反演得到的地表温度空间分布是一致的，8 月正是夏季温度比较高的时候，图中水体的温度相对较低，陆地上尤其是城市的温度则较高，最高可达四十几度。其中太湖边上的无锡市、苏州市两个城市表现出明显的两个热点，比周围的乡镇和农田高出 4~5℃，比太湖中部水面高出 8~10℃。ASTER 数据图像还可以更好的区分地表的微细部分，如农田、乡镇、村庄等。

为了进一步研究 ASTER 与 MODIS 所反演得到的地表温度的

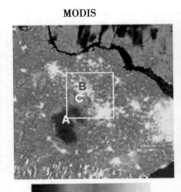

MODIS

ASTER

22 25 28 31 34 37 40 43 46

2003年8月1日太湖地区

22 25 28 31 34 37 40 43 46

图 4-11   MODIS 与 ASTER 反演地表温度对比

关系，分别选太湖水面、无锡城区、城郊农田作为感兴趣区，如图 4-11 中 A、B、C 所示。因湖面上温度比较低，而且分布相对比较均一，受混合像元问题影响小。城市属于高温区，温度的分布差异也比较大，在 ASTER 图像上显示出了更详细的特征，如图 4-11 中在 ASTER 图像上可以明显地看出无锡城区内的河流，而在 MODIS 图像上则由于像元的尺度比较大而无法分辨。城郊农田的温度介于水体和城区之间，可以代表中间温度范围的情况。因此选取这 3 个感兴趣区很有代表性，能够分析在不同地表状况下，不同温度范围内反演地表温度的关系。

由于 MODIS 反演得到的地表温度空间分辨率为 1km，而 AS-TER 为 90m，两者不能准确对应，因此在选点时首先在 MODIS 图像上确定出相邻 4 个点的坐标，然后从 ASTER 上找出对应的落入上面 4 个点坐标内的像元，作为与 MODIS 对比的像元值[62]。由普朗克公式可知温度与能量并不是呈线性关系，所以温度不能直接取平均，而是先用普朗克公式把温度转变成能量之后再平均，得到的平均能量再用普朗克公式计算得到等效温度。对 MODIS 是 4 个像元求等效温度，而对于 ASTER 是落入这 4 个像元内的所有像元求等效温度。每 4 个 MODIS 像元作为一组，在每个感兴趣区选了相邻的 5×5 组像元，线性回归分析的结果如图 4-12 所示，回归方程为 $y = 0.931\ 7x + 1.458\ 2$，回归的 R^2 值为 0.966 6，由此可见，MODIS 与 ASTER 所反演的地表温度的相关性非常好。尤其是在 A 区内，由于是水体，温度空间差异比较小，大都在 32℃ 左右，点的分布也非常集中。B 区因为是城市地表，地表覆盖状况复杂，有道路、建筑物、绿地、河流等，热辐射差异比较大，所以表现得更离散一些，但总的来说，效果还是非常好的。

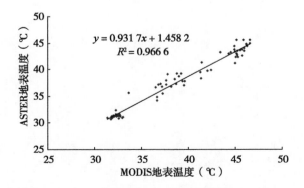

图 4-12　MODIS 与 ASTER 反演地表温度感兴趣区对比

　　因为 ASTER 数据的高分辨率、多波段以及与 MODIS 数据的同时相特点，它成为验证 MODIS 地表温度的首选影像。实验表明，可以得到比较好的验证结果，是一种有效的精度评价方案。

第五章　全国地表温度反演结果分析

　　把 MODIS 地表温度反演方法应用到全国范围内需要满足两个基本要求，一是要能快速有效地完成每天的地表温度反演，二是具有在全国范围内的适用性。本研究所提出的方法可操作性强，只需要两个参数，而且都可以直接从影像中获得，推导过程清晰，不需要复杂的迭代计算和实时数据的获取就能完成温度计算。根据上面的算法流程，作者采用自上而下，逐步细化的方法来设计软件，分 4 个模块实现计算过程，即亮度温度计算模块、大气透过率计算模块、地表比辐射率计算模块和温度推导模块。实验表明，该程序可以快速地完成温度的计算，正常情况下，一景影像在 5min 内就可以完成。

一、单景地表温度反演结果分析

　　我国地域辽阔，地表类型复杂，南北跨度 5 500km，从海南的热带、亚热带到中部的暖温带、中温带一直到黑龙江北部的寒温带，湿润区的地带性植被也从热带雨林逐渐变为常绿阔叶林、落叶阔叶林以及针叶林，同一时间不同纬度的温度可能相差十几到二十几摄氏度。东西跨度 5 200km，气候类型从东部典型的湿润性季风气候逐渐过渡为半湿润、半干旱、直到干旱的大陆性气候，另外还有荒漠性气候区及青藏高原的高寒气候区，由东到西的植被分异也非常明显，从森林逐渐转化为疏林草原、草原、干草原、荒漠草原等。同一纬度上的温度也会因不同的植被状况而有很大差异，因此要实现全国范围内的地表温度反演，必须研究复杂地表状况下地表温度反演方法的适用性。为此我们分别选取东部、中部、西部 3 景影像进行分析，如图 5-1 所示。

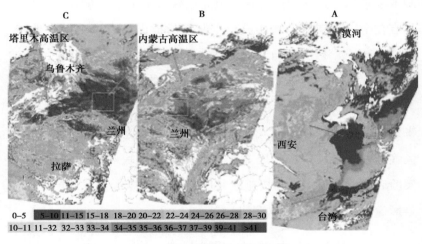

图 5-1　MODIS 地表温度图

图 5-1 由 3 景 MODIS 地表温度图像组成，成像时间分别为 2004 年 4 月 4 日上午 10：46（图 5-1A），2004 年 4 月 17 日 11：54（图 5-1B），2004 年 8 月 31 日 12：42（图 5-1C）。图上影像区域中白色的是云。由于被厚云覆盖的地区得到的是云顶的温度，对地表温度来说没有意义，所以我们只讨论没有云覆盖或有

薄云的区域。图 5-1A 中有两个温度相对较高的区域，一个是华南高温区，另一是黄土高原高温区。华南地区纬度比较低，4 月正是春末夏初温度开始普遍升高的时期，地表温度在 25~35℃ 范围内，与周围相对较低的温度相比，表现出高温集中的热力场异常区。同时，在黄土高原地区也出现了局部地区的高温现象，突出表现在河北省西部、山西省大部分地区以及陕西省北部。这些区域此时干燥少雨，正属于典型的春旱时期，地表温度相对较高，最高温可达 35.49℃，是这一时期我国境内出现的另一热力场异常区。华中大部分地区的地表温度在 10~17℃，处于较湿冷的时期，形成了南北两个热力场之间的低温控制区。图 5-1B 中最明显的是西北高温区，尽管是在 4 月，内蒙古①西部及甘肃省北部的巴丹吉林沙漠、腾格里沙漠温度最高可达 45℃，形成了大面积的热力高温异常区域。自河西走廊往南温度明显降低，到青藏高原上低于 0℃，其中横断山脉两侧的温度差异非常明显，西侧为高原区温度较低，图上呈现为白色，虽然是由于云层遮挡的缘故，但白色云层之间的零星淡蓝色表明其地表温度相对较低，而东侧为四川盆地，温度相对较高，图上表现为淡绿色，两侧 10km 内温差可达二十几度，同时云区边缘整齐，表明这是两大空气团的交汇处。图 5-1C 的成像时间是 8 月末，西北高温区与塔克拉玛干沙漠高温区连成一片，形成了西部地区的一个热力场高温源。由于部分地区受云的影响，塔克拉玛干沙漠西北部地表

---

①　内蒙古自治区，全书简称内蒙古

温度并没有完全表现出来，真正的高温区可能比图上显示的还要大，这个特点也可以从同一时期的其他图像上看出来。图 5-1C 和图 5-1B 的相比发现，在同一地区，8 月（图 5-1C）的地表温度明显比 4 月（图 5-1B）要高，分别在两幅图上的同一区域选取感兴趣区（图 5-1）进行统计，结果表明，感兴趣区内 8 月的平均温度为 46.98℃，比 4 月的平均温度（35.95℃）高出 11℃。显然，这是西北沙漠地区夏季高温少雨，地表异常干燥，在白天太阳暴晒下容易增温的结果。从感兴趣区内的地表温度标准差来看，这两个月份比较接近，8 月为 3.98℃，而 4 月为 3.86℃，说明该区域内地表温度空间差异呈现出随季节同步变化的趋势，同时也指出了地表温度反演结果的可靠性。

用 MODIS 数据反演地表温度有利于区域性的地表水热状况和近地表温度场的认识，全国范围内的地表温度反演将会大大地促进资源环境变化的研究，提高天气预报精度。我们的方法对于反演全国地表温度都有普遍的适用性，而且取得了非常好的效果，可以考虑应用于全球地表温度的反演研究。

二、全国地表温度合成

从 MODIS 热红外波段中反演得到的陆面温度取决于 MODIS 卫星飞过天空的时间，MODIS 传感器的扫描带宽为 2 330km，这样需要 3~4 景数据才能得到覆盖全国的地表温度反演结果。因此，要进行全国范围内的陆面温度反演，就需要进行多景数据的拼接。另外，由于云以及异常天气的影响，每天的地表温度数据受偶然性因素的影响比较大，而旬合成及月合成的陆面温度数据在实际应用中有更重要的意义。不同时间的 MODIS 遥感数据反演得到的陆面温度如何合理地按照要求拼接与合成，目前还是一个有待于深入研究的问题。现有的做法基本上是采取简单的平均法、或者最大值合成法。这种方法忽视了温度随观测时间的变化，因而使最后结果产生较大偏差。

　　由于云覆盖的区域得到的是云顶的温度，在陆面温度反演中没有实际意义，因此，在 MODIS 地表温度的反演中应首先去除有云覆盖的区域。在可见光波段，较厚的云体反射太阳辐射的能力很强，有较高的反照率，又由于云的温度一般小于地表，因此在红外窗口波段，云有较小的地表亮温值。康晓光等[63] 提出了基于人工神经网络的云自动检测算法，王家成等[64] 实现了缺少水陆标识数据情况下 MODIS 图像的云检测，李微等[65] 提出了基于光谱分析的 MODIS 云检测算法。宋小宁等[66] 提出了归一化云检测指数（CDI），根据云在可见光波段（0.66μm）的高反射特征，以及近红外波段（0.936μm）受水汽吸收影响的特征来进行 MODIS 数据的云检测。

（一）时间校正探讨

　　在利用 MODIS 遥感数据来反演陆地表面温度时，每一景图像所覆盖的宽度是 2 330km，扫描线东西两边像元的局地时间可差 1.5h，同一地点的成像时间在卫星扫描周期内可差 1h。另外，卫星从发射到寿命结束，过境时间会逐渐后移，最大可差 2~3h。

在不同景 MODIS 图像中，图像获取的时间差别很大，在同一景图像中，由于覆盖的范围较大，各像元的太阳高度角也有比较大的差别，成像的局地时间不一致，最东部的像元因太阳高度角较高，陆面温度自然较高，而最西部的像元因太阳高度角较低，陆面温度必然相对较低。因此，东中西像元之间在物理上由于太阳高度角的影响而客观上存在陆面温度的较大相差。在全国范围内的陆地表面温度反演中，需要考虑多景数据间的拼接，以及无云区的多天合成。要合理地进行地表温度的合成，首先要把反演得到的地表温度校正到同一地方时。

对于遥感反演陆地表面温度的时间校正问题，国内目前的研究比较少，主要限于利用遥感数据来模拟最高温度或者温度日较差。刘瑞云等[67]建立了以华北平原日最高地表温度实测值为非独立变量，AVHRR 的第4、第3、第5通道亮度温度为独立变量的线性回归方程，及以 AVHRR 第4通道亮度温度与第2通道反射率等为独立变量的线性回归方程。经分析认为，后者是估算我国北方地区冬季晴空无冰雪覆盖情况下最高地表温度较合适的回归方程。刘晶淼等[68]根据表征土壤温度日变化的土温方程一阶近似解，提出一种考虑地表温度日变化的谐波模式，利用一日中任意时刻 NOAA-AVHRR 图像数据估计地表温度日较差的简易推算方法。

对于土壤温度的周期性变化研究则相对比较多，范爱武[69]根据资源—环境—植物系统（REPS）的概念，全面分析了该系统中的能量流和物质流，发现土壤温度呈现出以日为周期的变化规律。同时，通过实验测量了土壤温度的日变化，并指出可以用三阶傅里叶级数来表示其日变化规律。根据数值模拟的结果，范爱武[70,71]绘出土壤中不同深度处温度的日变化曲线表明，土壤中各点的温度随气温和土壤表面获得的辐射能的周期性变化而呈周期性变化。杨梅学、姚檀栋等[72-76]在藏北高原做了一系列的实验，取得了 1 年周期的土壤温度资料，并深入分析了各层土壤温度的周期性变化规律及其影响因素。研究表明，土壤温度的年变化及日变化均有很好的周期性特点，其变化曲线为一正弦曲线。

根据土壤温度的周期性变化特点，本研究假设地表温度的日变化呈现一种简谐函数的形式。根据小气候学原理，不论哪一深度的土温都可以用温度方程来描述[77]，即式 5-1：

$$\theta(z,\ t) = \theta_0 - \gamma_0 z + \sum_n A_{0n} \cdot e^{-z\sqrt{\frac{n\pi}{KT}}} \cdot \sin(\frac{2n\pi}{T}t + \varphi_{0n} - z\sqrt{\frac{n\pi}{KT}})$$

（式 5-1）

式中，A_{0n}、φ_{0n} 分别为地面温度波的振幅和位相；注脚号 n 表示谐量；T 是周期，如为日变化则等于 24h；t 为时间单位。在此，我们只研究地表面温度，即令 $z=0$，则式 5-1 可简化为如下式 5-2：

$$\theta(t) = \theta_0 + \sum_n A_{0n} \cdot \sin(\frac{2n\pi}{T}t + \varphi_{0n})$$

（式 5-2）

晴天时，土温具有十分明显的日变化，特别是地面温度的日变化与辐射平衡日变化非常一致。对于日变化的模拟，选用了 2005 年 3 月到 2006 年 2 月一年的日最高气温与平均气温值，与遥感图像上反演得到的亮度温度进行线性回归，得到日最高温度与亮温之间的关系。这样就可以通过模拟的方法得到式 5-2 中的未知量。

由于影响地表温度变化的因素很多，为尽量减小地表异质性所带来的差异，本研究选取了新疆①塔里木盆地进行时间校正的研究。选取的图像成像时间为 2005 年 10 月 5 日，研究区的 RGB 合成如图 5-2 所示，图中红色为沙漠、绿色的为绿洲、蓝色及灰白色的为积雪和云。在沙漠周围的绿洲中，有 7 个主要的气象站点。

塔里木盆地是中国最大的内陆盆地，位于天山山脉和昆仑山脉之间，南北最宽处 520km，东西最长处 1 400km。塔克拉玛干沙漠占据了盆地的大部分面积，气候极端干旱，东西方向上地表差异较小，而最东端与最西端局地时间相差接近一个小时，非常适合于时间校正的研究。

图 5-3 是时间校正前后的地表温度对比，图中 A 为校正前的温度，B 为校正后的温度。图 5-4 是在盆地中部由西向东做一剖面（剖面位置如图 5-2 中的绿线所示），比较剖面上校正前后的温度。从图 5-3 中可以看出，塔里木盆地中间出现一个明显的高温场区，这是因为 10 月沙漠区域干燥少雨，地表吸收太阳能升温所致。从校正前的温度图还可以看出，由西向东，地表温度逐渐升高，有一个明显的梯度，在东部形成了一个高温集中区，这

---

①　新疆维吾尔自治区，全书简称新疆

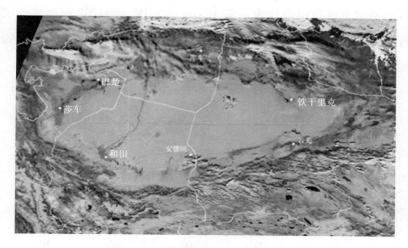

图 5-2　新疆塔里木盆地 RGB 合成图
（MODIS3、MODIS5、MODIS7 波段）

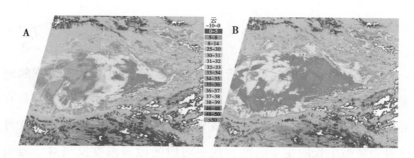

图 5-3　地表温度时间校正前后对比（A 为校正前，B 为校正后）

一点从剖面图上也可以明显看出。这主要是由于成像时东部太阳
高度角相对比较高，而沙漠又存在升温快的特点，另外由于盆地
的西部有和田河和一个较大面积的绿洲，对局地小气候也有一定
的影响，几种因素的共同作用造成了东西之间的温度差别。校正

后的图像上各点温度均为正午 12:00 的温度，与校正前相比温度普遍升高，东西差异明显变小，东部及西部都出现了高温场区，根据当地气象观测数据可知与实际情况比较符合。

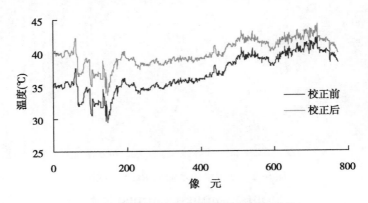

图 5-4　地表温度时间校正前后剖面对比

（二）合成结果分析

经过云检测及时间校正后，得到同一地方时晴空状态下的地表温度分布。这样的陆面温度意义明确，各像元的地表温度具有可比性，可以采用最大值法合成每旬地表温度。每年的 3—10 月是地表植被生长的主要时期，这一时段的地表温度反演对于地表能量平衡，植被生长状况以及农业旱情分析都非常重要。

3 月下旬全国的温度都相对比较低，只有陕西省北部、甘肃省、内蒙古沙漠地区及云南省部分地区最大值合成超过 30℃，东北大部分地区低于 0℃。到 4 月中旬，全国温度开始普遍升高，6—7 月是比较突出的高温期，也是作物积累能量的关键时期，我国北方大部分地区的温度都比较高。而此时的西南地区则表现出来相对低温，这主要是由于夏季我国南方地区受季风性气候的影响，阴雨天气比较多，云量也比较大，不容易获得地表真实温度。9 月中旬，北方温度普遍降低，而塔克拉玛干沙漠仍然保持较高温度，形成了一个高温场区。南方大部分地区告别了阴雨连绵的夏季，进入了天高云淡的秋季，较 6—7 月温度有所升高。10 月，我国华南及华东大部分地区的温度仍然相对较高，另外北方也有两个高温区，一个是新疆的塔里木盆地，另外一个是内蒙古西部的巴丹吉林沙漠。此时的华北、东北温度降低到与 4 月中旬持平。

第六章　结论与讨论

一、结　论

地表温度是表征地表能量状况的一个重要物理量，在全球变化、气象、水文、生态、农业等诸多相关领域的研究中都有很重要的意义。遥感技术可以快速获取大面积地表信息，遥感反演地表温度近年来得到越来越多的重视。本研究从热红外遥感原理入手，深入分析地表温度反演算法，在 Qin 等人[3]工作的基础上作了改进，建立了用于 MODIS 数据的地表温度反演模型，详细讨论了算法所需的大气透过率和地表比辐射率这两个基本参数的估计方法，研究了大气透过率的视角校正及其对地表温度反演结果的影响。算法的验证主要是通过参数的敏感性分析和 ASTER 数据同步反演。全国范围内的应用分析表明，该算法适用于全国地表温度反演，而且计算简便，能够快速的得到每天的地表温度分布。本研究主要得出以下几点结论。

（1）MODIS 遥感影像适用于全国范围内的地表温度反演。MODIS 数据有 8 个热红外波段可以获取地表的热辐射信息，另外还有 28 个可见光及近红外、中红外波段，可以同时获取大气及

76

地表覆盖的信息。MODIS 传感器的扫描带宽为 2 330km，这样只需三四景影像就可以覆盖全国，适合于全国范围内的地表参数反演。本研究选用第 31、第 32 两个波段作为劈窗算法的两个主要波段，通过可见光近红外波段获得算法所需的大气透过率和地表比辐射率这两个关键参数，反演了 2005 年 3—10 月全国范围内的地表温度，取得了满意的结果。

（2）大气透过率主要受大气水汽含量的影响，通过 MODIS 的水汽吸收通道以及水汽窗口通道可以得到大气水汽含量，利用 MODTRAN 模型模拟可以得到大气透过率与大气水汽含量的关系。由于 MODIS 传感器宽视场的特点，到边缘区域传感器视角可达到 55°，视角增大延长了光线在大气中的传输路径，由此带来的大气透过率降低可达 0.09，由此引起的温度误差最大可达 3.64℃。因此，大气透过率的视角校正非常必要。

（3）参数的敏感性分析表明，该算法对两个参数的中等误差都不敏感。在两个波段亮温差一定的条件下，单一波段透过率有误差时带来的 LST 误差大都低于 0.4℃，当两个波段同时有中等误差时，所带来的 LST 误差一般不超过 0.2℃。当两波段亮温差增大时，相应的 LST 误差会有升高，但总误差也不会越过 0.5℃。当两个波段比辐射率同时有误差 0.001 时，所引起的地表温度误差低于 0.1℃，当比辐射率误差为 0.005 时，地表温度误差低于 0.5℃。综合考虑大气透过率和地表比辐射率两个参数，当两个参数估计都有中等误差时，所引起的 LST 误差为 0.6~0.8℃。

（4）ASTER 遥感数据有 5 个空间分辨率为 90m 的热红外波

段，而且与 MODIS 传感器同载于 Terra 卫星上，具有同时相的特点。本文选取了 2003 年 8 月 1 日太湖地区的一景 ASTER 影像，利用同样的劈窗算法反演地表温度，并与同时相的 MODIS 地表温度结果进行比较。结果表明，分别由 MODIS 和 ASTER 得到的地表温度空间分异非常一致，ASTER 温度结果还可以更详细的区分地表温度差异。分别在太湖水面、无锡城区、城郊农田选取感兴趣区进行线性回归，ASTER 与 MODIS 所反演的地表温度相关性非常好，R^2值为 0.966 6，因此利用 ASTER 数据进行同步反演是一种有效地 MODIS 地表温度验证方案。

（5）在全国范围内的陆地表面温度反演中，需要考虑多景数据间的拼接，以及无云区的多天合成。每一景 MODIS 图像所覆盖的宽度是 2 330km，扫描线东西两边像元的局地时间可差 1.5h，同一地点的成像时间在卫星扫描周期内可差 1h。因此，有必要将陆地表面温度归一化为同一局地时间，只有这样才有比较的意义。本文初步探讨了地表温度的时间效应及时间校正方法。

二、创新点

本研究的创新点主要有以下几个方面。

（1）大气透过率的估计。大气透过率是该劈窗算法的一个关键参数。首先通过 MODIS 的可见光近红外波段来估计大气水汽含量，然后用 MODTRAN 模型来模拟大气透过率与大气水汽含量的关系。由于 MODIS 传感器的扫描带比较宽，边缘区域的视角可以达到 55°，因此进行了大气透过率的视角校正，并详细讨论了传感器视角对大气透过率以及反演得到的地表温度的影响。同时，由于大气透过率受剖面温度的影响，该研究还进行了大气透过率的温度校正。

（2）不同尺度的地表温度反演结果对比。ASTER 传感器与 MODIS 同载于 Terra 卫星上，数据获取时间一致，它有 5 个空间分辨率为 90m 的热红外波段，另外还有 9 个空间分辨率分别为 15m 和 30m 的可见光近红外波段。在地表温度反演以及与 MODIS 温度结果的对比方面，ASTER 比 NOAA/AVHRR 和 TM 数据都有一定的优势。本文比较了同时相的 ASTER 与 MODIS 地表温度反演结果，选取了太湖地区几个典型地表作感兴趣区进行回归分析。结果表明，ASTER 与 MODIS 地表温度反演结果的相关性非常好，可以用于 MODIS 地表温度的初步验证。

（3）考虑了地表温度的时间效应，并探讨了时间校正的方法。地表温度的时空变化非常明显，同一地区不同时间的温度差异可能很大。在新疆吐鲁番地区，最大的日温差可超过 50℃。从 MODIS 热红外波段中反演得到的陆面温度将取决于 MODIS 卫星飞过天空的时间。在同一景 MODIS 图像中，最东侧像元与最西侧像元的局地时间相差一个多小时，3~4 景影像才能覆盖全国。因此，全国范围内的地表温度反演要考虑这种时间差异，只有校正到同一地方时的地表温度才有比较的意义。本研究根据温度变化的周期性特点，初步探讨了陆面温度的时间校正方法。

三、讨　论

热红外遥感通过感应地表热辐射来研究地表能量平衡过程，

然而地表热平衡是一个复杂的物理过程，除了辐射通量外，还有大气湍流通量，水汽蒸发通量等，每一个分量的变化均可造成地表温度的变化。各种地表温度反演算法都是在一定的假设条件下推导得出的，由于地球表层以及大气状况的复杂多变性，这些假设条件有时并不一定能得到满足，地表温度反演及应用中还有很多问题有待于进一步的解决。

（1）目前的陆面温度反演算法都假设地表是均一的平面，没有考虑地形的影响。实际上，陆地表面有不同的质地和起伏，植被有不同的高度和结构，地形的变化使热辐射传输过程更加复杂。进一步的地表温度反演算法研究应该考虑由于地形变化所带来的差异。

（2）由于时间和资料的限制，本研究采用了间接的方法来验证算法的精度。更精确的精度评价需要有地面实测数据，比较可行的办法是在地表比较均一的地区（如沙漠、水面等）进行卫星同步观测，以此来标定温度反演的精度。

（3）由于不同地区下垫面的差异，以及接受太阳辐射能的强弱不同，日温差以及最高温度都有很大的差异，怎样才能合理的把地表温度校正到同一地方时是一个比较有挑战性的问题，时间校正存在较大难度。地表温度的旬合成以及月合成算法也有待于进一步探讨。

（4）地表的热力学性质与大气有很大的差异，地表与大气之间有复杂的热量交换过程，然而对热红外辐射有直接贡献的只是表层几微米的薄层，这个薄层内的辐射与传统意义上定义的地表温度有显著的差异，这种现象称为地表温度的"皮肤效应"。从全球能量平衡角度看，传统方法所测得的温度更能代表陆面的热量状况，而"皮肤温度"由于受多种因素控制，随机变化比较大。因此，遥感反演的陆面温度应用于模型输入时，需要对皮肤效应做一些相应的修正。

参考文献

[1] Price, J. C. Land surface temperature measurements from split window channels of the NOAA 7 advance very high resolution radiometer. *Journal of Geophysical Research*. 1984, 89: 7 231-7 237.

[2] 刘玉洁, 杨忠东. MODIS 遥感信息处理原理与算法 [M]. 北京: 科学出版社, 2001.

[3] Qin Z, G Dall' Olmo, A Karnieli, et al. Derivation of split window algorithm and its sensitivity analysis for retrieving land surface temperature from NOAA-AVHRR data. *Journal of Geophysical Research*, 2001, 106 (D19): 22 655-22 670.

[4] 李小文, 汪骏发, 王锦地, 等. 多角度与热红外对地遥感 [M]. 北京: 科学出版社, 2001.

[5] Wark D Q, Yamamoto Y, Lienesch J H. Methods of estimating infrared flux and surface temperature from meteorological satellites. *J. Atmos. Sci.*, 1962, 19: 369-384.

[6] 李召良, 等. 热红外地表温度遥感反演方法研究进展

［J］. 遥感学报，2016（5）：899-920.

［7］ Li Z L, et al. Satellite-derived land surface temperature：Current status and perspectives ［J］. *Remote Sensing of Environment*, 2013, 131：14-37.

［8］ Qin Z A. Karnieli, P Berliner. A mono-window algorithm for retrieving land surface temperature from Landsat TM data and its application to the Israel-Egypt border region ［J］. *International Journal of Remote Sensing*, 2001, 22（18）：3 719-3 746.

［9］ 覃志豪，M Zhang，A Karnieli，等. 用陆地卫星 TM6 数据演算地表温度的单窗算法 ［J］. 地理学报，2001，56（4）：456-466.

［10］ 覃志豪，W Li，M Zhang，等. 单窗算法的大气参数估计方法 ［J］. 国土资源遥感，2003，56（2）：37-43.

［11］ Jiménez-Muñoz J C，J A Sobrino. A generalized single-channel method for retrieving land surface temperature from remote sensing data ［J］. *Journal of Geophysical Research*, 2003, 108（22）：4 688.

［12］ Jose A Sobrino，Juan C Jimenez-Munoz，Leonardo Paolini. Land surface temperature retrieval from LANDSAT TM 5 ［J］. *Remote Sensing of Environment*, 2004, 90：434-440.

[13] McMillin L M. Estimation of sea surface temperature from two infrared window measurements with different absorption [J]. *Journal of Geophysical research*, 1975, 20: 5 113-5 117.

[14] Barton I J. Satellite-derived sea surface temperature: current status [J]. *Journal of Geophysical Research*, 1995, 100: 8 777-8 790.

[15] Salisbury J W, D'Aria D M. Emissivity of terrestrial materials in the 8~14mm atmospheric window [J]. *Remote Sensing of Environment*, 1992, 42: 83-106.

[16] Wan Z, Snyder W. MODIS land surface temperature algorithm theoretical basis document [R]. version 2.3, ICESS/UCSB, 1996.

[17] Becker F. The impact of spectral emissivity on the measurement of land surface temperature from a satellite [J]. *Int. J. Remote Sens.*, 1987, 10: 1 509-1 522.

[18] Becker F, Li Z-L. Towards a local split window method over land surface [J]. *Int. J. Remote Sens.*, 1990, 11: 369-393.

[19] Wan Z, Dozier J. A generalized split-window algorithm for retrieving land-surface temperature from space [J]. *IEEE Trans. Geosci. Remote Sens.*, 1996, 34 (4): 892-905.

[20] Sobrino J A, Coll C, Caselles V. Atmospheric corrections for land surface temperature using AVHRR channel 4 and 5 [J]. *Remote Sensing of Environment*, 1991, 38: 19−34.

[21] Becker F, Li Z-L. Surface temperature and emissivity at various scales: Definition, measurements and related problems [J]. *Remote Sens. Reviews*, 1995, 12: 225−253.

[22] Sobrino J A, Caselles V, Coll C. Theroretical split window algorithms for determining the actual surface temperature [J]. *Il Nuovo Cimento*, 1993, 16 (3): 219−236.

[23] Prata A J. Land surface temperature derived from the AVHRR and the ATSR [J]. *J. Geophys. Res.*, 1993, 98 (D9): 1 689−1 702.

[24] Prata A J. Land surface temperature derived from the AVHRR and the ATSR. 2. Experimental results and validation of AVHRR algorithms [J]. *J. Geophys. Res.*, 1994, 99 (D6): 13 025−13 058.

[25] Coll C Caselles, V Sobrino, J A and Valor, E. On the atmospheric dependence of the split−window equation for land surface temperature [J]. *Int. J. Remote Sens.*, 1994, 15 (1): 105−122.

[26] Chen Y Y, et al. Algorithm Development for Land

Surface Temperature Retrieval: Application to Chinese Gaofen - 5 Data [J]. *Remote Sensing*, 2017, 9 (2): 19.

[27] Duan S B, et al. Cross - satellite comparison of operational land surface temperature products derived from MODIS and ASTER data over bare soil surfaces [J]. *Isprs Journal of Photogrammetry and Remote Sensing*, 2017, 126: 1-10.

[28] Duan S B, Z L Li, P Leng. A framework for the retrieval of all-weather land surface temperature at a high spatial resolution from polar-orbiting thermal infrared and passive microwave data [J]. *Remote Sensing of Environment*, 2017, 195: 107-117.

[29] 覃志豪, Zhang Minghua, 等. 用 NOAA-AVHRR 热通道数据演算地表温度的劈窗算法 [J]. 国土资源遥感, 2001 (48): 33-42.

[30] F Becker, Z L Li. Temperature-independent spectral indices in thermal infrared bands [J]. *Journal of Remote Sensing*, 1990, 32: 17-33.

[31] Li Z L, F Becker. Feasibility of land surface temperature and emissivity determination from AVHRR data [J]. *Remote Sens. Environ.*, 1993, 43, 67-85.

[32] Wan ZM, Z L Li. A physics - based algorithm for

retrieving land – surface emissivity and temperature from EOS/MODIS data. IEEE Trans [J]. *Geoscience remote Sens.* , 1997, 35（4）: 980–996.

[33] Kahle A B, L C Rowan. Evaluation of multispectral middle infrared aircraft images from lithologic mapping in the east Tintic Mountains, Utah [J]. *Geology*, 1980, 8, 234–239.

[34] Barducci A, Pippi I. Temperature and emissivity retrieval from remotely sensed images using the " Grey body emissivity" method [J]. *IEEE Transactions on Geoscience and Remote Sensing*, 1996, 34（3）: 681– 695.

[35] Gillespie A R. Lithologic Mapping of Silicate Rocks Using TIMS [Z]. The TIMS Data Users' Workshop, June 18– 19, 1985, JPL Publication 86–38, 1985, 29–44.

[36] Watson K. Spectral ratio method for measuring emissivity [J]. *Remote Sens. Environ.* 1992, 42, 113–116.

[37] Kealy P S, Gabell A R. Estimation of Emissivity and Temperature using Alpha Coefficients [Z]. Proc. 2nd TIMS Workshop, JPL Publication 90–55, 1990.

[38] Matsunaga T. A temperature–emissivity separation method using an empirical relationship between the mean, the maximum and the minimum of the thermal infrared emis-

          sivity spectrum ［J］. *Remote sens. soc.*, 1994, 14
(2): 230-241.

［39］   Paul M Ingram, Henry Muse A. Sensivity of Iterative
Spectrally Smooth Temperature/Emissivity Separation to
Algorithmic Assumptions and Measurement Noise ［J］.
IEEE Transactions on Geoscience and Remote Sensing,
2001, 39 (10), 2 158-2 167.

［40］   李小文, 王锦地. 地表非同温像元发射率的定义问
题 ［J］. 科学通报, 1999, 44 (15): 1 612-1 617.

［41］   李小文, 王锦地, A H Strahler. 尺度效应及几何光学
模型用于尺度纠正 ［J］. 中国科学 E 辑, 2000, 30:
12-17.

［42］   徐希孺, 陈良富. 关于热红外多角度遥感扫描方向
的问题 ［J］. 北京大学学报 (自然科学版), 2002,
38 (1): 98-103.

［43］   徐希孺, 陈良富, 庄家礼. 基于多角度热红外遥感
的混合像元组分温度演化反演方法 ［J］. 中国科学 D
辑, 2002, 31 (1): 81-88.

［44］   徐希孺, 庄家礼, 陈良富. 热红外多角度遥感和反
演混合像元组分温度 ［J］. 北京大学学报 (自然科
学版), 2000, 36 (4): 555-560.

［45］   徐希孺, 陈良富, 庄家礼. 室内目标物方向发射率
的被动测量方法 ［J］. 中国科学 E 辑, 2000, 30:

65-70.

[46] 陈良富，徐希孺．热红外遥感中大气下行辐射效应的一种近似计算与误差估计［J］．遥感学报，1999，3（3）：165-170.

[47] 陈良富，庄家礼，徐希孺．热红外遥感中通道间信息相关性及其对陆面温度反演的影响［J］．科学通报，1999，44（19）：2 122-2 127.

[48] 陈良富，柳钦火．连续植被的热辐射方向性［J］．遥感学报，2001，5（6）：407-415.

[49] 陈良富，庄家礼，徐希孺，等．非同温像元热辐射有效比辐射率概念及其验证［J］．科学通报，2000，45（1）：22-29.

[50] 李召良，1999，地表温度的反演算法［C］//先进对地观测技术与应用学术研讨会材料汇编（一）.

[51] 李召良，F Petitcolin，张仁华．一种从中红外和热红外数据中反演地表比辐射率的物理算法［J］．中国科学E辑，2000，30：18-26.

[52] 苏理宏．热红外辐射方向性与尺度效用研究［D］．北京：中国科学院遥感应用研究所，2000.

[53] 孙毅义，李治平．地面热红外发射率的天顶角变化效应［J］．气象学报，2001，59（3）：373-376.

[54] 阎广建，李小文，王锦地，等．宽波段热红外方向性辐射建模［J］．遥感学报，2000，4（3）：189-

193.

［55］ França G B, A P Cracknell. Retrieval of land and sea surface temperature using NOAA‐11 AVHRR data in northeastern Brazil ［J］. *Int. J. Remote Sens.*, 1994, 15, 1 695‐1 712.

［56］ Cracknell A P. The Advanced Very high Resolution Radiometer (AVHRR) ［M］. Taylor and Francis, 1997, 534.

［57］ Kaufman Y J, B C Gao. Remotesensing of water vapor in the near IR fromEOS/MODIS ［J］. *IEEE Transactions on Geosciences and Remote Sensing*, 1992, 30 (5): 871‐884.

［58］ Gao B C, A F H Goetz. Column atmospheric water vapor and vegetation liquid water retrieval from airborne imagingspectrometer data ［J］. *Journal of Geophysical Research*, 1992, 95 (4), 3 549‐3 564.

［59］ 吴北婴, 等. 大气辐射传输实用算法 ［M］. 北京: 气象出版社, 1998.

［60］ 高懋芳, 覃志豪, 刘三超. MODIS 数据反演地表温度的参数敏感性分析 ［J］. 遥感信息, 2005 (6): 3‐6.

［61］ Frederic Jacob, Francois Petitcolin, Thomas Schmugge, et al. Comparison of land surface emissivity and radiometric temperature derived from MODIS and ASTER sensors ［J］. *Remote Sensing of Environment*, 2004, 90：137-152.

［62］ Frederic Jacob, Francois Petitcolin, Thomas Schmugge, et al, Comparison of land surface emissivity and radiometric temperature derived from MODIS and ASTER sensors ［J］. *Remote Sensing of Environment*, 2004, 90：137-152.

［63］ 康晓光, 孙龙祥. 基于人工神经网络的云自动检测算法 ［J］. 解放军理工大学学报（自然科学版）, 2005, 6（5）：506-510.

［64］ 王家成, 杨世植, 麻金继, 等. 缺少水陆标识数据情况下 MODIS 图像云检测的实现 ［J］. 遥感信息, 2005, 5：19-21.

［65］ 李微, 方圣辉, 佃袁勇, 等, 基于光谱分析的 MODIS 云检测算法研究 ［J］. 武汉大学学报（信息科学版）, 2005, 30（5）：435-438.

［66］ 宋小宁, 赵英时. MODIS 图象的云检测及分析 ［J］. 中国图象图形学报, 2003, 8A（9）：1 079-1 083.

［67］ 刘瑞云, 范天锡. 利用 NOAA 卫星资料反演最高地表温度 ［J］. 南京气象学院学报, 1996, 19（1）：106-110.

［68］ 刘晶淼, 丁裕国, 王纪军. 利用任意时刻 AVHRR 资

料近似估计区域地表温度日较差的试验［J］.南京气象学院学报，2001，24（3）：323-329.

[69]　范爱武.资源—环境—植物系统中热物理问题的理论与实验研究［D］.武汉：华中科技大学，2004.

[70]　范爱武，刘伟，王崇琦.不同环境条件下土壤温度日变化的计算模拟［J］.太阳能学报，2003，24（2）：167-171.

[71]　范爱武，刘伟，王崇琦.土壤温度和水分日变化的实验研究［J］.太阳能学报，2002，23（6）：721-724.

[72]　杨梅学，姚檀栋.青藏高原唐古拉山北坡 D105 点土壤温度的时间序列分析［J］.资源科学，2000，22（2）：77-81.

[73]　杨梅学，姚檀栋，丁永建，等.藏北高原土壤温度的日变化［J］.环境科学，1999，20（5）：5-8.

[74]　杨梅学，姚檀，丁永建，等.藏北高原 D110 点不同季节土壤温度的日变化特征［J］.地理科学，1999，19（6）：570-574.

[75]　杨梅学，姚檀栋，何元庆，等.藏北高原 D110 点土壤温度的极值分析［J］.山地学报，1999，17（3）：207-211.

[76]　杨梅学，姚檀栋，小池俊雄.藏北高原土壤温度分布的纬向效应和高度效应［J］.山地学报，1999，

17（4）：329-332.

[77]　翁笃鸣，陈万隆，沈觉成，等．小气候和农田小气候 [M]．北京：中国农业出版社，1981，36-38，50-54.